Berichte aus dem Institut für Umformtechnik der Universität Stuttgart

Herausgeber: Prof. Dr.-Ing. K. Lange

70

Eberhard Nehl

Untersuchungen zum Halbwarmfließpressen von Automatenstählen

Mit 104 Abbildungen und 2 Tabellen

Springer-Verlag
Berlin Heidelberg New York Tokyo 1983

Eberhard Nehl
Institut für Umformtechnik
Universität Stuttgart

Dr.-Ing. Kurt Lange
o. Professor an der Universität Stuttgart
Institut für Umformtechnik

D 93

ISBN 978-3-540-12568-6 ISBN 978-3-642-52232-1 (eBook)
DOI 10.1007/978-3-642-52232-1

Gesamtherstellung: Copydruck GmbH, Offsetdruckerei, Industriestraße 1-3, 7251 Heimsheim, Telefon 0 70 33/38 25-26
2362/3020—543210

GELEITWORT DES HERAUSGEBERS

Die Umformtechnik zeichnet sich durch sehr gute Werkstoffauswertung und hohe Mengenleistung in der Serienfertigung gegenüber anderen Fertigungsverfahren aus, wobei Beibehaltung der Masse, Änderung der Festigkeitseigenschaften während eines Vorgangs und elastische Rückfederung der Werkstücke nach einem Vorgang wesentliche Merkmale sind. Weiter sind die benötigten Kräfte, Arbeiten und Leistungen sehr viel größer als z.B. bei spanenden Verfahren. Die sichere Beherrschung eines Verfahrens in der industriellen Fertigung und die zunehmende Forderung nach Vermeidung bzw. Minimierung spanender Nacharbeit erzwingen die geschlossene Betrachtung des Systems "Umformende Fertigung" unter zentraler Berücksichtigung plastizitätstheoretischer, werkstoffkundlicher und tribologischer Grundlagen.

Das Institut für Umformtechnik der Universität Stuttgart stellt entsprechend Forschung und Entwicklung zum einen auf die Erarbeitung von Grundlagenwissen in diesen Bereichen ab, zum anderen untersucht und entwickelt es Verfahren unter Anwendung spezieller Meßtechniken mit dem Ziel einer genauen quantitativen Ermittlung des Einflusses der Parameter von Vorgang, Werkstoff, Werkzeug und Maschine. Die Behandlung von Problemen des Maschinenverhaltens, der Maschinenkonstruktion sowie der Werkzeugauslegung und -beanspruchung, der Auswahl hochbeanspruchbarer, verschleißfester Werkzeugbaustoffe und schließlich der Tribologie gehört entsprechend ebenfalls zum Arbeitsgebiet, das durch die Erfassung organisatorischer und betriebswirtschaftlicher Fragen abgerundet wird.

Im Rahmen der "Berichte aus dem Institut für Umformtechnik" erscheinen in zwangloser Folge jährlich mehrere Bände, in denen über einzelne Themen ausführlich berichtet wird. Dabei handelt es sich vornehmlich um Abschlußberichte von Forschungsvorhaben, Dissertationen, aber gelegentlich auch um andere Texte. Diese Berichte sollen den in der Praxis stehenden Ingenieuren und Wissenschaftlern zur Weiterbildung dienen und eine Hilfe bei der Lösung umformtechnischer Aufgaben sein. Für die Studierenden bieten sie die Möglichkeit zur Vertiefung der Kenntnisse. Die seit zwei Jahrzehnten bewährte freundschaftliche Zusammenarbeit mit dem Springer-Verlag sehe ich als beste Voraussetzung für das Gelingen dieses Vorhabens an.

Kurt Lange

V O R W O R T

Die vorliegende Arbeit entstand während meiner Tätigkeit als wissenschaftlicher Mitarbeiter am Institut für Umformtechnik der Universität Stuttgart.

Mein besonderer Dank gilt Herrn Prof. Dr.-Ing. K. Lange für sein stetes Interesse und seine Unterstützung bei der Durchführung dieser Untersuchungen.

Ebenfalls danken möchte ich den Mitarbeitern des Instituts, die durch ihre Unterstützung zum Gelingen dieser Arbeit beigetragen haben.

Die Mittel zur Durchführung der Untersuchung wurden von der Deutschen Forschungsgemeinschaft zur Verfügung gestellt, wofür auch an dieser Stelle gedankt sei.

Stuttgart, Februar 1983

Eberhard Nehl

Inhaltsverzeichnis

Verzeichnis der wichtigsten Abkürzungen

Verwendete Zeichen

A	mm^2	Querschnittsfläche, Spanungsquerschnitt
A_g	%	Gleichmaßdehnung
A_v	J	Schlagarbeit
A_5	%	Bruchdehnung
a	mm	Schnittiefe
d	mm	Durchmesser
F	N	Kraft
F_a	N	Aktivkraft
F_c	N	Schnittkraft
F_f	N	Vorschubkraft
F_p	N	Passivkraft
f	mm	Vorschub
H	mm	Hub
h	mm	Höhe
h_c	mm	Kritische Höhe
h_1	mm	Spanungsdicke
k_c	N/mm^2	"spezifische" Schnittkraft
k_f	N/mm^2	Fließspannung
l	mm	Länge
n	-	Verfestigungsexponent
n_K	min^{-1}	Hubzahl
$\overline{p}$	N/mm^2	bezogene Stempelkraft
R_m	N/mm^2	Zugfestigkeit
$R_{p0,2}$	N/mm^2	Dehngrenze
R_{max}	µm	Einzel-Rauhtiefe
R_{ZDIN}	µm	gemittelte Rauhtiefe

r	mm	Radius
r_{ε}	mm	Eckenradius
s_o	mm	Wanddicke
T	°C	Temperatur
v	mm/s	Geschwindigkeit
Z	%	Brucheinschnürung
z	mm	Schaftlänge
α	Grad	Freiwinkel, Schulteröffnungswinkel
$\hat{\alpha}$	rad	Winkel im Bogenmaß
β	Grad	Keilwinkel
γ	Grad	Spanwinkel
ε	Grad	Eckenwinkel
ε_A	-	relative Querschnittsänderung
ε_{hc}	-	kritische relative Höhenänderung
$\varkappa$	Grad	Einstellwinkel
λ	Grad	Neigungswinkel
μ	-	Reibzahl
σ	N/mm²	Spannung
φ	-	Umformgrad
$\dot{\varphi}$	s^{-1}	Umformgeschwindigkeit

Indizes

ges	Gesamt ...
i	Innen ...
m	mittlere
max	maximal
min	minimal
N	Nenn ...

R	Rohteil ...
RT	Raumtemperatur
St	Stempel ...
Wz	Werkzeug
O	Anfangs ...
1	End ...

0 Einleitung und Aufgabenstellung

Durch Umformung hergestellte Werkstücke müssen oft noch spanend nachbearbeitet werden, um die endgültigen Formen und Abmessungen zu erhalten. Als Werkstückstoff wählte man üblicherweise einen gut umformbaren Kaltfließpreßstahl, der jedoch den Nachteil hat, daß er schlecht zerspanbar ist. Über die alternative Möglichkeit, nämlich die gut zerspanbaren Automatenstähle umzuformen, liegen bisher nur sehr wenig praktische Erfahrungen und Erkenntnisse vor (Bild 1).

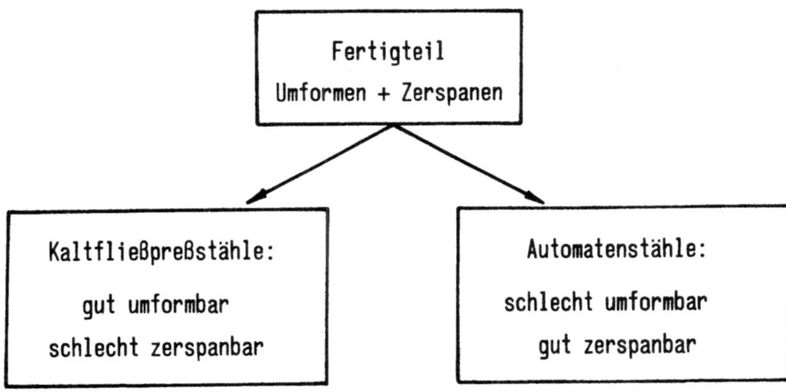

Bild 1: Auswahl des Werkstückstoffs.

Dem Kaltfließpressen von Stahl sind Grenzen durch das Formänderungsvermögen des umzuformenden Werkstoffs und die Belastbarkeit der Werkzeuge gesetzt. Mit zunehmender Umformtemperatur kommt es (mit Ausnahme der Bereiche der Blausprödigkeit und Rotbrüchigkeit) zu einer Fließspannungsabnahme, damit zu geringeren Werkzeugbelastungen und zu einem Anstieg des Formänderungsvermögens. Allerdings nimmt die Oberflächengüte, bedingt durch Zunderbildung und die Maßgenauigkeit, infolge Verzug und Schwindung, bei warmumgeformten Werkstücken mit wachsender Umformtemperatur ab [1].

Die Halbwarmumformung soll die Vorteile der Kaltumformung (gute Werkstückgenauigkeit und Oberflächengüte) und der Warmumformung (erhöhtes Umformvermögen und geringerer Kraftbedarf) miteinander verbinden. Der Temperaturbereich für die Halbwarmumformung ist zu tiefen Temperaturen hin durch das Gebiet der Blausprödigkeit - ca. 200°C bis 500°C - und zu hohen Temperaturen hin durch die Rotbrüchigkeit - ca. 800°C bis 900°C - begrenzt.

Aus diesen Überlegungen ergibt sich die Aufgabenstellung, die Automatenstähle im Halbwarmtemperaturbereich umzuformen und danach die Werkstoffeigenschaften zu untersuchen. Hierfür gibt es bisher zu wenig Unterlagen, die die Halbwarmumformung von Automatenstählen zu beurteilen gestatten.

1 Stand der Erkenntnisse

1.1 Halbwarmumformen von Stahl

Das Halbwarmfließpressen von Stahl ist innerhalb der letzten Jahre bereits mehrfach in der Literatur untersucht worden. In [3,4] wird das Umformen im Halbwarmtemperaturbereich gegenüber den traditionellen Arbeitsverfahren der Kalt- und Warmformgebung abgegrenzt, die Vor- und Nachteile aufgezeigt, sowie die jeweiligen Einsatzgebiete erläutert. Die grundlegendsten Untersuchungen und Ergebnisse (auf diese soll an dieser Stelle nur eingegangen werden) in Bezug auf die Halbwarmumformung finden sich in [2,5 bis 11].

Ein Maß für den Kraftbedarf und die Werkzeugbelastung beim Fließpressen ist u. a. die Fließspannung. Die Fließspannung von Stählen, abhängig von dem Umformgrad, der Umformgeschwindigkeit und der Umformtemperatur, nimmt - ausgehend von Raumtemperatur - mit wachsender Temperatur ab. Ausnahmen bilden zwei Temperaturbereiche: die Blausprödigkeit und die Rotbrüchigkeit. Bei niedrig legierten Kohlenstoffstählen und Einsatzstählen steigt die Fließspannung im Bereich der Blausprödigkeit (etwa 200°C bis 500°C, abhängig von der Umformgeschwindigkeit) nach anfänglicher Abnahme wieder an. Dieser Temperaturbereich begrenzt das Halbwarmumformen. Die obere Grenze ist durch die sogenannte Rotbrüchigkeit gegeben (ca. 800°C, für Stähle mit niedrigem Schwefelgehalt bis 900°C), hier steigt die Fließspannung ebenfalls wieder an, jedoch in geringerem Ausmaß als im Bereich der Blausprödigkeit. Außerdem beginnt im Temperaturbereich ab 900°C eine starke Zunderbildung und Randentkohlung [8 bis 11]. Beim Umformen im beschriebenen Temperaturbereich zwischen 600°C und 800°C treten Rekristallisations- und Kristallerholungsvorgänge auf, sie sind sowohl zeit- als auch geschwindigkeitsabhängig, und bauen die entstandene Verfestigung ganz oder teilweise wieder ab. Der Umformgrad wirkt sich daher nicht so stark auf die Fließspannung aus, wie das bei Raumtemperatur der Fall wäre. Weiterhin wird die Fließspannung beeinflußt durch die zum größten Teil in Wärmeenergie umgesetzte Umformarbeit. Wenn diese entstehende Wärmemenge größer ist, als die, die durch das Werkzeug abgeführt werden kann, kommt es zu einer Temperaturerhöhung im Werkstück, dadurch wird die Fließspannung herabgesetzt.

Der Kraftbedarf beim Halbwarmumformen beträgt je nach Temperatur (600°C - 800°C) etwa 1/2 bis 1/3 der Werte des Kaltumformens und ist ungefähr 2 bis 3 mal so groß wie beim Warmumformen [1,2]. Eine Abschätzung der beim Halbwarmpressen benötigten Kräfte ist mit den vom Kaltfließpressen und Schmieden her bekannten Berechnungsverfahren möglich.

Mit Rücksicht auf die mechanischen und thermischen Belastungen kommen als Werkzeugwerkstoffe für das Halbwarmfließpressen entweder Schnell- oder Warmarbeitsstähle -hohe Anlaßbeständigkeit und hohe Warmfestigkeit- in Frage [1,12,13].

Der Schmierstoff hat zum einen die Aufgabe, eine tragfähige Trennschicht zwischen Werkstück- und Werkzeugoberfläche zu bilden, um einen metallischen Kontakt zu vermeiden; zum anderen soll er die Reibkräfte herabsetzen um den Kraftbedarf zu verringern. Als am geeignetsten haben sich die beim Warmumformen eingesetzten Schmierstoffe erwiesen, meist auf der Basis von dispergiertem Kolloidalgraphit, wobei Wasser oder Öl als Dispersionsmittel dient [1,2]. Mischungen aus Boraten, Phosphaten, Soda und dergleichen bilden bei Umformtemperaturen um 700°C wirksame Schmier-, Trenn- und Schutzschichten. Sie sind im Gegensatz zu den auch in Frage kommenden Silikatgläsern billig und lassen sich mit alkalischen Industriereinigern, manchmal schon mit warmem Wasser, von den Werkzeugen und Werkstücken entfernen [14].

Auf die mechanischen Eigenschaften von warmfließgepreßten unlegierten Kohlenstoffstählen, sowie Einsatz- und Vergütungsstählen gehen [15,16] ein. Dabei wird festgestellt, daß Festigkeit, Dehnung und Härte der Stähle eine deutliche Abhängigkeit von dem Kohlenstoffgehalt und der Umformtemperatur haben, jedoch nur sehr wenig vom Umformgrad abhängig sind. Die Zugfestigkeit nimmt mit wachsender Umformtemperatur ab und erreicht im allgemeinen bei 700°C ein Minimum. Umformen oberhalb dieser Temperatur führt zu einem vom Werkstoff abhängigen Anstieg der Zugfestigkeit. Die Dehnungskennwerte haben gegenläufige Tendenz, sie steigen leicht an bis auf die Umformtemperatur 700°C, um dann wieder leicht abzufallen. Die Härte im Schaft der Fließpreßteile nimmt mit zunehmender Umformtemperatur und abnehmenden Kohlenstoffgehalt stetig ab.

Im Gegensatz zu den Kennwerten aus dem Zugversuch ist ein deutlicher Einfluß des Umformgrades auf die Kerbschlagzähigkeit vorhanden. Mit größer werdenden Umformgrad steigt auch die Kerbschlagzähigkeit.

Die Oberflächenbeschaffenheit der Fließpreßteile ist abhängig von der Umformtemperatur [15]. Die Rauheitswerte nehmen mit wachsender Temperatur zu, doch ist erst bei Rohteiltemperaturen über 700°C eine wesentliche Steigerung der Rauhtiefe zu beobachten. Die größten Rauheitswerte treten in dem Schaftbereich auf, der der Schulter zugewandt ist und gegen Ende des Vorganges ausgepreßt wird. Die Rauhtiefe fällt von dort zum freien Schaftende hin ab.

Neben den Problemen der technischen Anwendbarkeit spielt auch die Wirtschaftlichkeit bei der Auswahl eines Fertigungsverfahrens eine entscheidende Rolle.

Eine qualitative Abschätzung der Wirtschaftlichkeit der Umformverfahren in verschiedenen Temperaturbereichen zeigt Bild 2.

In die unterschiedlichen Kostenarten unterteilt, werden die Kalt-, Halbwarm- und Warmumformung gegeneinander abgegrenzt und verglichen. Während die Maschinenkosten von Kaltumform- zu Warmumformpressen hin fallen, zeigt sich für die Werkstoffseite die gegenläufige Tendenz. Ein weiterer wichtiger Punkt ist die Vorbehandlung der Werkstücke, wie Glühen, Oberflächenbehandeln u.ä., diese ist bei Kaltumformteilen wesentlich aufwendiger als bei Halbwarmformteilen oder Werkstücken, die warm umzuformen sind.

Kostenart	Umformung				
	Kalt		Halbwarm		Warm
<u>Maschinen</u>	■	>	■	>	■
<u>Werkstoffe</u>	■	<	■	<	■
<u>Vorbehandlung</u> (Glühen, Oberfläche, Wärmen)	■	≫	■	=(>)	■
<u>Werkzeuge</u>:					
Herstellung	■	=	■	≫	■
Verschleiß	■	≪(<)	■	=(>)	■
<u>Nachbehandlung</u>	■	=(<)	■	≪	■

Bild 2: Wirtschaftlichkeit der Halbwarmumformung im Vergleich zur Kalt- und Warmumformung (Schätzung nach [2]).

In die Werkzeugkosten gehen sowohl die Kosten für die Herstellung als auch die durch Verschleiß entstehenden Kosten ein. Hierbei sind die Herstellungskosten der Kalt- und Halbwarmumformwerkzeuge in etwa gleich und wesentlich höher als für die Warmumformwerkzeuge. Der Werkzeugverschleiß ist beim Halbwarmformen bedingt durch gleichzeitige thermische und mechanische Belastung, am größten. Für die Nachbehandlung ergeben sich für kalt- und halbwarm gefertigte Werkstücke vergleichbare Kosten, die wesentlich unter denen warmgeformter Teile liegen.

1.2 <u>Automatenstähle</u>

Automatenstähle sind Stähle für die Mengenfertigung von Erzeugnissen mit spanabhebender Bearbeitung. Die Formgebung der Fertigteile geschieht auf programmgesteuerten Automaten oder in Taktstraßen. Für eine wirtschaftliche Nutzung dieser Automaten sind:

- eine dem Maschinentakt entsprechend hohe Werkzeugstandzeit und
- gute Spanbrüchigkeit zur sicheren Abführung des zerspanten Materials

von ausschlaggebender Bedeutung.

Diese Anforderungen werden von den Automatenstählen erfüllt. Sie weisen eine besonders kurzbrüchige Spanausbildung auf und benötigen bei der Spanabnahme sehr geringe Schnittkräfte. In der Praxis werden alle diese Anforderungen zusammengefaßt und mit dem Begriff "gut zerspanbar" beschrieben. Automatenstählen werden neben den qualitätstypischen Schwefelgehalten von bis zu 0,400 % zur Unterstützung der Spanbrüchigkeit normalerweise Phosphorgehalte bis 0,060 % bei den Einsatz- und Vergütungsautomatenstählen bzw. bis 0,100 % bei den Weichautomatenstählen zulegiert. Eine zusätzliche Versprödung wird bei den Weichautomatenstählen durch erhöhte Stickstoffgehalte von rd. 0,006% bis 0,010 % erreicht.

Das Gefüge des Stahles muß zur Erzielung guter Spanbrüchigkeit durch Einlagerung zahlreicher, möglichst gleichmäßig verteilter Einschlüsse in der Eisenmatrix möglichst heterogen aufgebaut sein. Diese Bedingungen werden von solchen Bestandteilen erfüllt, die im flüssigen Stahl weitgehend löslich, im festen Zustand aber praktisch unlöslich sind. Der Grundtypus solcher Einschlüsse sind zum Beispiel Mangansulfide. Die hervorragende Zerspanbarkeit der Automatenstähle wird durch Zulegierung von Schwefel, Blei, Tellur, Wismut, Selen oder auch durch gleichzeitiges Legieren mehrerer der vorgenannten Elemente erreicht [42].

1.3 Umformbarkeit nichtmetallischer Einschlüsse

Einen Überblick über das Verhalten nichtmetallischer Einschlüsse in Stahl und deren Umformbarkeit im Vergleich zum umgebenden Werkstoff geben [17,18,20bis23]. Die Einflüsse auf die Werkstoffkennwerte nach einer Umformung beschreiben [24,25,26].

Allgemein können nichtmetallische Einschlüsse in Stahl in drei Klassen eingeteilt werden [35]:

- Große und unregelmäßig verteilte Einschlüsse, die einige 100 µm und größer sein können, sie sind als Defekte anzusehen,
- unter dem Lichtmikroskop erkennbare Einschlüsse mit bis zu 100 µm Größe und
- submikroskopische Einschlüsse, die meist aus Oxiden bestehen.

Die hier betrachteten MnS-Einschlüsse fallen in die 2. Gruppe. Sie sind nicht als Defekte anzusehen, haben jedoch einen Einfluß auf die Umformbarkeit des Werkstoffes [35].

Der in flüssigem Eisen gelöste Schwefel scheidet sich beim Abkühlen zu Eisensulfid FeS aus, das bei etwa 990°C erstarrt und mit dem Eisen ein Eutektikum bildet. Dieses entartet jedoch oft in der Art, daß sich das Eisen an die im Überschuß vorhandenen Eisenkristalle anlagert, während das zurückbleibende FeS sich in den Korngrenzen niederschlägt [20,27].

Um diesen die Werkstoffeigenschaften verschlechternden Bedingungen zu begegnen, wird Mangan zugesetzt. Mn hat eine höhere Affinität zu Schwefel als Eisen, es bildet sich so MnS, das bei ca. 1600°C erstarrt: Es kommt zu keinem Korngrenzeneinschluß.

Im Automatenstahl ist der Schwefel an Mangan gebunden. Je nach Sauerstoffgehalt des flüssigen Stahles kann MnS verteilt sein nach ([20,23,28,29,30]):

- Typ I Wenn der Sauerstoffgehalt des Stahles hoch ist (> 0,01%), bilden Sulfide gesonderte, kugelige Schwefel-Oxid-Partikel. Die größten Einschlüsse formen sich beim Erstarrungsbeginn, es bilden sich MnS und MnO. Bei den sich später absetzenden Teilchen handelt es sich nur um MnS.

- Typ II Mit zunehmender Desoxidation wird die kugelige Gestalt und die Typ I-Verteilung durch die dentritische Form des "eutektisch-ähnlichen" Types II ersetzt. Dabei erscheinen die Sulfide als eutektisch verteilt in den Korngrenzen.

- Typ III Hohe C-,Al-,Si- und P-Konzentrationen im Stahl erzeugen den Typ III. Hier sind die Einschlüsse unregelmäßig verteilt, ihre Gestalt ist eckig. Dies zeigt an, daß sie sich als feste Stoffe im geschmolzenen Stahl abgesetzt haben. Es wird angenommen, daß es sich um einen voreutektischen Zustand handelt.Die Einschlüsse sind idiomorph, d.h. von eigenen, echten Kristallflächen begrenzt.

Die Umformbarkeit von Stahl mit Einschlüssen hängt von der Verformbarkeit der Einschlüsse im Vergleich zum umgebenden Werkstoff ab. Wenn ein Stahl mit Einschlüssen plastisch verformt wird, können die folgenden Fälle auftreten [22]:

- die Einschlüsse brechen,
- die Einschlüsse reißen an den Grenzen auf und erzeugen Aushöhlungen,
- die Einschlüsse werden sich plastisch verformen und sich dem Stahl anpassen.

Die Verformbarkeit der Einschlüsse relativ zum Stahl läßt sich mit einer Formänderungskennzahl ν ausdrücken, die im einfachsten Fall die Einschlußstreckung zur Streckung der Stahlmatrix bei einer bestimmten Temperatur angibt [31].

$$\nu = \frac{\varepsilon_{\text{Einschluß}}}{\varepsilon_{\text{Stahl}}}$$

Die Größe ν wird jedoch von verschiedenen Verfassern unterschiedlich definiert. Während in [32] bei Stauchversuchen die Formänderungskennzahl ν aus der Beziehung

$$\nu = \frac{D/H}{L/W}$$

abgeleitet wird, wobei D und H die Kantenlängen einer verformten Matrix-Einheit sowie L und W diejenigen eines Sulfides sind, wird in [33] unter Annahme, daß der kugelförmige Sulfideinschluß während der Umformung eine elliptische Gestalt annimmt, die Formänderungskennzahl bei Walzversuchen definiert als

$$\nu = \frac{2}{3} \frac{\lg \lambda}{\lg h} .$$

λ ist das Längenverhältnis der Ellipsenhauptachse und h das Dickenverhältnis der Matrixeinheit vor und nach der Umformung. In ähnlicher Weise wird ν bei Walzversuchen von [34] definiert.

Über die Umformbarkeit von Einschlüssen werden sehr unterschiedliche Ergebnisse berichtet. V. Vlack [32] und Mitarbeiter finden, daß die Sulfide besser umformbar sind (angegebene Umformtemperatur: 950°C) als die Matrix eines Stahls mit 0.06%C. Weiterhin nehmen sie an, daß das Umformvermögen von Sulfideinschlüssen in Automatenstählen durch die Existenz einer bei Warmformgebungstemperaturen flüssigen Grenzschicht aus niedrig schmelzenden Sulfid-Oxid-Silikat-Verbindungen erhöht wird [19].

Aus den Untersuchungen an einem Stahl mit 0.2% C [34] geht ein umgekehrtes Verhalten Stahl-Einschlüsse hervor: bei 88prozentiger Verformung im Temperaturbereich zwischen 700°C und 1350°C wurden die Mangansulfide weniger plastisch verformt als die Matrix. Dabei wird mit steigender Temperatur der Plastizitätsunterschied größer. Zu den gleichen Ergebnissen kommen W. Dahl, H. Hengstenberg und C. Düren [23], die im Austenitgebiet ebenfalls einen mit steigender Verformungstemperatur zunehmenden Plastizitätsunterschied zwischen den härteren Sulfiden und der weicheren Matrix finden.

In Bild 3 ist schematisch der Verlauf der Formänderungsfestigkeit von Oxiden, Sulfiden und dem Grundwerkstoff in Abhängig-

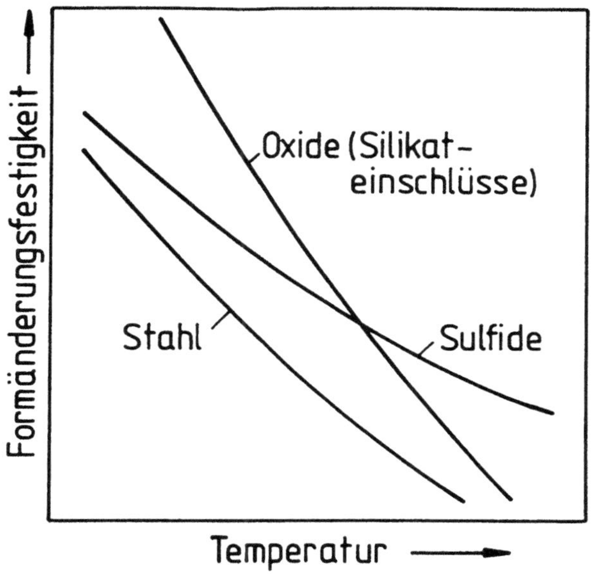

Bild 3: Formänderungsfestigkeit von Oxiden, Sulfiden und Stahl (nach Dahl, W.; Hengstenberg, H.; Düren, C. [23]).

keit von der Verformungstemperatur aufgetragen. Dabei gelten die Ergebnisse [23] für alle Sulfidtypen, wobei lediglich graduelle Unterschiede zwischen den Typen I bis III gefunden wurden.

2 Zielsetzung und Lösungsweg

2.1 Grundsätzliches

Die Auswertung des Schrifttums ergab, daß der Kenntnisstand sowohl über die Umformung von Automatenstahl, als auch die Gebrauchseigenschaften der umgeformten Automatenstahlwerkstücke noch unvollkommen ist.

Ziel der Arbeit war die experimentelle Untersuchung der Möglichkeit der Halbwarmumformung von Automatenstählen, um das Werkstoffverhalten im Hinblick auf eine Anwendung des Verfahrens beurteilen zu können, sowie den Fertigungsablauf und die Werkstückeigenschaften zu optimieren.

Dazu wurde zunächst das in [43] angegebene Verfahren zur Prüfung der Kaltstauchbarkeit auch auf den Halbwarmtemperaturbereich ausgeweitet, um erste Anhaltspunkte über die Umformbarkeit stark schwefelhaltiger Stähle zu erhalten. Außerdem wurden Warmfließkurven im Stauchversuch mit annähernd konstanter Umformgeschwindigkeit aufgenommen.

Die Halbwarmumformung sollte am Beispiel des Voll-Vorwärts-Fließpressens (VVFP) und des Napf-Rückwärts-Fließpressens (NRFP) durchgeführt, und der Kraftbedarf in Abhängigkeit von Rohteiltemperatur, Umformgrad und Werkstückwerkstoff (in Stichversuchen auch vom Schulteröffnungswinkel) aufgezeichnet und ausgewertet werden.

Die Werkstoffkennwerte - Fließkurven, Stauchbarkeit, mechanische Eigenschaften, Oberfläche, Gefüge und Härteverteilung - wurden vor und nach der Umformung aufgenommen und verglichen.

In Zerspanungsversuchen an umgeformten Werkstücken soll der Einfluß der Umformung auf das Zerspanungsverhalten geklärt werden.

2.2 Versuchsplan

2.2.1 Versuchswerkstoffe

Im wesentlichen werden drei Automatenstahlgruppen unterschieden:

- weiche Stähle, die nicht für die Wärmebehandlung vorgesehen sind,
- Stähle, die für Einsatzbehandlung bestimmt sind,
- Stähle, die für Vergütungsbehandlung bestimmt sind.

Diese Stahlsorten sind in DIN 1651 - Automatenstähle, Technische Lieferbedingungen - genormt (Bild 4).

Aus jeder dieser 3 Gruppen wurde ein gängiger Vertreten ausgewählt. Dies sind:

Automatenweichstahl:	9 SMn 28
Automateneinsatzstahl:	10 S 20
Automatenvergütungsstahl:	35 S 20

Die Werkstoffe lagen in kaltgezogenem und weichgeglühtem Zustand vor. Als Referenzstahl wurde der Werkstoff C 15, ein für das Kaltfließpressen typischer Stahl, gewählt.

2.2.2 Versuchsmatrix

Die Möglichkeit der Halbwarmumformung von Automatenstählen sollte am Beispiel des Fließpressens untersucht werden. Das Versuchsprogramm kann in drei Abschnitte unterteilt werden:

1. Eigenschaften und Kennwerte der Werkstoffe vor der Umformung.
2. Halbwarmumformung
3. Eigenschaften und Kennwerte der Werkstoffe nach der Umformung.

Zu 1:
Als Grundlage zur Ermittlung der für die Umformung erforderlichen Kraft dient die Fließspannung des Werkstückwerkstoffes.

Bezeichnung DIN 17006	Bezeichnung DIN 17007	Handelsüblich	Schmelzanalyse (%) C	Si	Mn	P	S	Lieferzustand	Bemerkungen
C 15	1.0401	Einsatzstahl	0,12-0,18	0,15-0,35	0,30-0,60	≤0,045	≤0,045	K + G	Bau- u. Masch.-stahl f. Hebel, Gelenke, Bolzen, Rollen, u. ä.
9 SMn 28	1.0715	Automat.-weichst.	≤0,14	≤0,05	0,90-1,30	≤0,100	0,24-0,32	K + G	Massenteile f. Automob.-ind., Geräte- u. Apparatebau
10 S 20	1.0721	Automat.-eins.-st.	0,07-0,13	0,10-0,40	0,50-0,90	≤0,060	0,15-0,25	K + G	Einsatzgeh. Massent. f. Automob.-ind., Geräte-, Apparatebau
35 S 20	1.0726	Automat.-verg.-st.	0,32-0,39	0,10-0,40	0,50-0,90	≤0,060	0,15-0,25	K + G	Massent. mittlerer Festigk. f. Automob.-ind., Geräte- u. Apparatebau

Bild 4: Chemische Zusammensetzung einiger genormter Automatenstähle (Auszug aus DIN 1651).

Dazu wird die Fließkurve der verschiedenen Werkstoffe bei unterschiedlichen Temperaturen: 20°C, 600°C, 700°C, 800°C im Stauchversuch aufgenommen.

Als Maß für das Umformvermögen der Werkstoffe wird die Stauchbarkeit untersucht. Ein neuartiges Prüfverfahren, das die Eignung der Kaltstauchbarkeit prüfen soll, wurde auf den Halbwarmtemperaturbereich erweitert.

Außerdem müssen die mechanischen Kennwerte: Streckgrenze, Zugfestigkeit, Bruchdehnung und -einschnürung ermittelt werden. Zur Beurteilung der Zähigkeit soll auch der Kerbschlagbiegeversuch bei Raumtemperatur durchgeführt werden.

Es schließen sich Härtemessungen, sowie Oberflächen- und Gefügeuntersuchungen an, hier sollen vor allem Größe, Form und räumliche Verteilung der Sulfideinschlüsse beim Automatenstahl aufgenommen werden.

Um Aussagen über das Verhalten bei spanender Bearbeitung zu erhalten, wird die Zerspanbarkeit bei verschiedenen Schnittgeschwindigkeiten und Vorschüben durch Aufnehmen des Wertes der "spezifischen" Schnittkraft k_c und Aufstellung einer Spanbeschreibungstafel ermittelt.

Zu 2:

Das Halbwarmfließpressen (HWFP) wird am Beispiel des Voll-Vorwärts-Fließpressens (VVFP) und des Napf-Rückwärts-Fließpressens (NRFP) durchgeführt (die Versuchswerkzeuge sind in Bild 5 und 6 darstellt). Dazu werden die folgenden Parameter variiert:

- Umformgrad φ : $0{,}5 \leq \varphi_{VVFP} \leq 1{,}6$; $\varphi_{NRFP} = 0{,}9$
- Rohteiltemperatur T_R: T_R = 20°C, 600°C, 700°C, 800°C
- Schulteröffnungswinkel α: Die Auswirkung der Veränderung von α soll in einigen Stichversuchen untersucht werden.

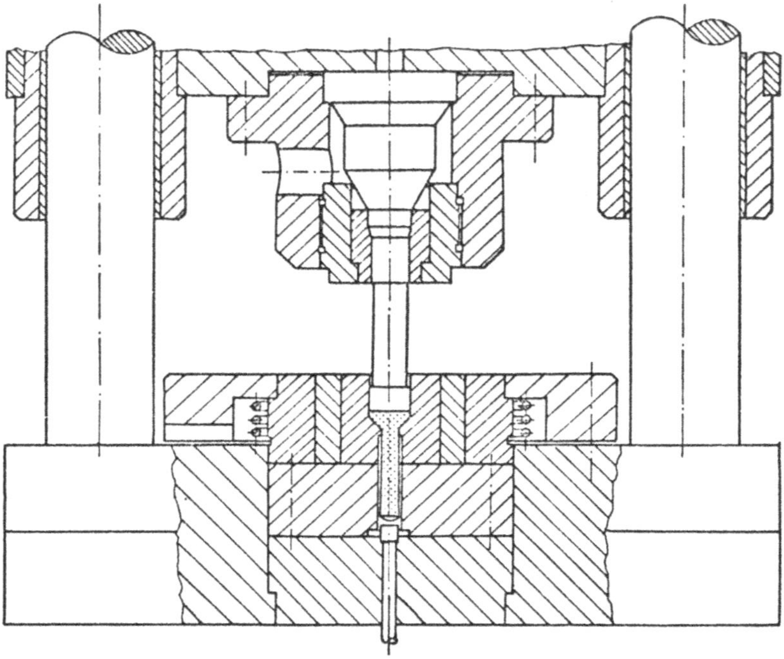

Bild 5: Versuchswerkzeug zum Voll-Vorwärts-Fließpressen.

Während des Fließpressens wird der Kraftbedarf aufgezeichnet und ausgewertet.

Zu 3:

An das Fließpressen schließen sich Werkstoffuntersuchungen an: Dazu werden die Proben zur Ermittlung der Fließkurve, der mechanischen Kennwerte und der Kerbschlagarbeit aus den Schäften der Bereiche mit quasistationärem Werkstofffluß der Fließpreßteile entnommen.

Wie bereits vor der Umformung sollen auch nun die Härte, das Gefüge und die Zerspanbarkeit untersucht werden. Außerdem werden die geometrischen Eigenschaften der Werkstücke überprüft.

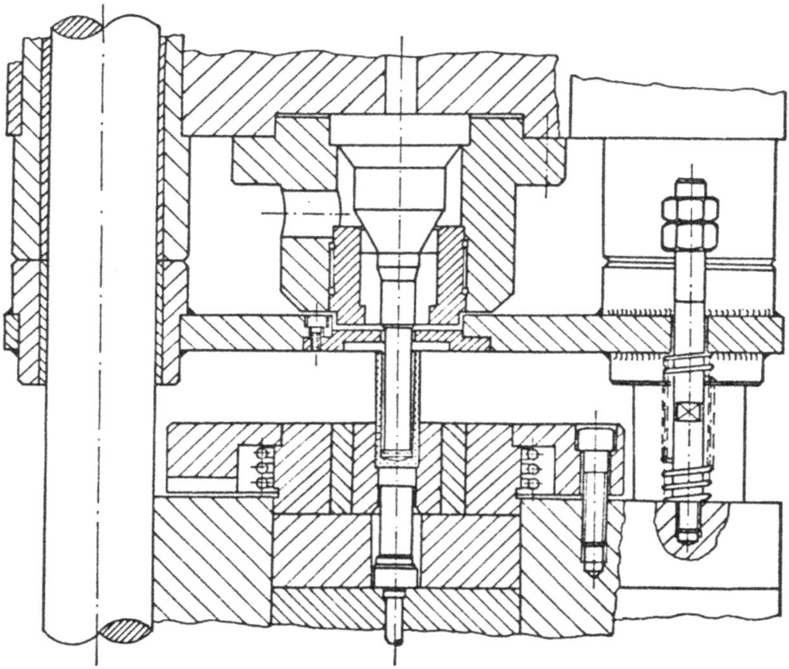

Bild 6: Versuchswerkzeug zum Napf-Rückwärts-Fließpressen.

Im Versuchsplan (Bild 7) sind alle Werkstoffe mit den verschiedenen Temperaturen und die durchzuführenden Versuche eingetragen (gerasterte Felder).

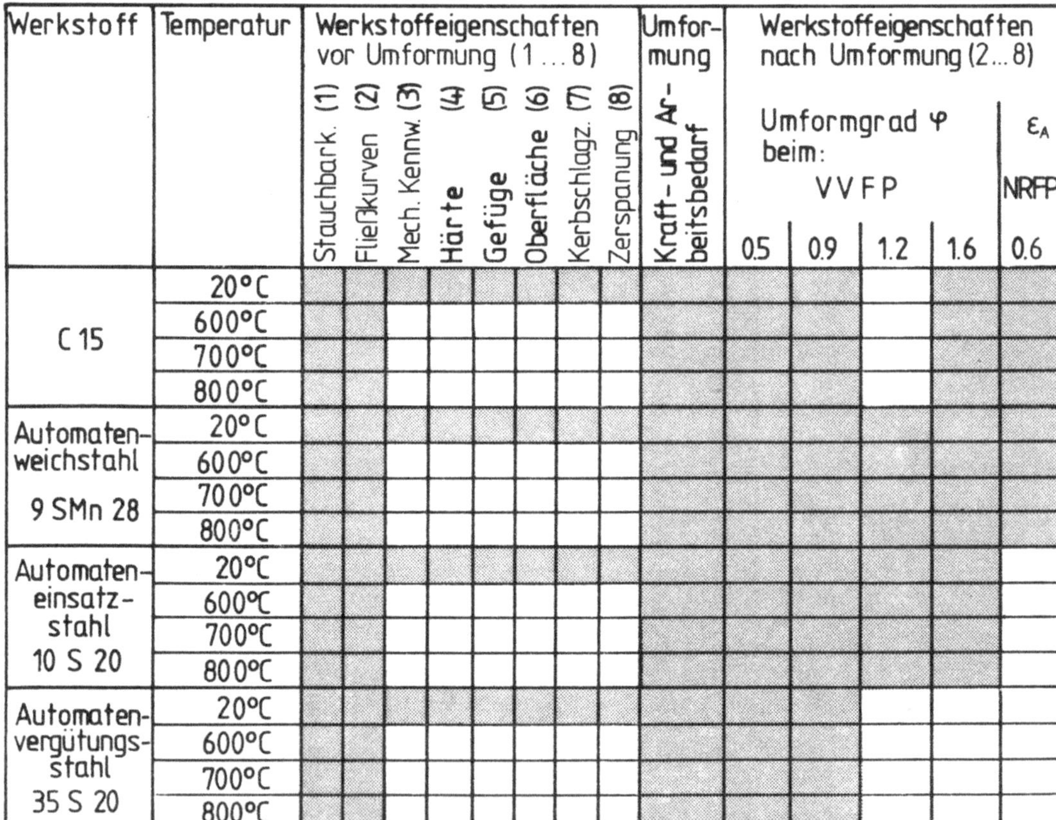

Bild 7: Versuchsplan.

3 Kennwerte der Versuchswerkstoffe vor der Umformung

3.1 Fließkurven

3.1.1 Versuchseinrichtungen, Versuchsdurchführung

Um beim Umformvorgang plastisches Fließen des Werkstoffs in der Umformzone einzuleiten bzw. aufrechtzuerhalten, müssen die wirkenden Spannungen eine bestimmte Größe erreichen. Zur Ermittlung der Werkstoffkennwerte wird daher in der Umformtechnik die wirkende Kraft F auf die tatsächliche Fläche A bezogen und im Bereich plastischen Fließens als Fließspannung k_f definiert.

$$k_f = \frac{F}{A}$$

Die Fließspannung hängt ab von der Umformtemperatur T, dem Umformgrad

$$\varphi = \ln \frac{h_1}{h_o}$$

mit Ausgangsprobenhöhe h_o und Endhöhe h_1, sowie der Umformgeschwindigkeit

$$\dot{\varphi} = \frac{d\varphi}{dt} = \frac{v_{wz}}{h}$$

mit Werkzeuggeschwindigkeit v_{wz} und momentane Probenhöhe h.

Die Fließkurven wurden im Stauchversuch mit zylindrischen Proben zwischen ebenen parallelen Stauchbahnen aufgenommen.

Da die Fließkurven u.a. als Grundlage zur Ermittlung des Kraftbedarfs beim Halbwarmfließpressen herangezogen werden, war zu beachten, daß die Umformgeschwindigkeiten zur Aufnahme der Warmfließkurven und die des Fließpressens vergleichbar sind. Aufgrund dieser Forderung wurde die Exzenterpresse (Fabrikat Schuler,

Modell PED 63/250) mit F_N = 630 kN ausgewählt. Diese Umformmaschine hat stufenlos verstellbare Hubzahlen zwischen $n_K = 70 min^{-1}$ und $n_K = 140\ min^{-1}$ und veränderlichen Hub zwischen H = 30 mm und H = 140 mm.

Die Forderung nach konstanter Umformgeschwindigkeit zur Aufnahme der Fließkurven wurde ausreichend durch die gegenläufigen Tendenzen der abnehmenden Werkzeuggeschwindigkeit v_{wz} (bei der im Versuch verwendeten Exzenterpresse) und der sich während der Versuchsdurchführung verringernden Probenhöhe erfüllt.

Die Fließkurven wurden mit der in Bild 8 dargestellten Versuchsanordnung aufgenommen (nach Diether [8,9]). Diese bestand im wesentlichen aus den beiden Stauchstempeln (Werkstoff NiCr 19 CoMo, Werkstoffnummer 2.4973), einem aufklappbaren Rohrofen und einem direkt im Kraftfluß liegenden Quarzkristall-Kraftmeßkörper (Fabrikat Kistler, Typ 9081), der gegen unzulässige Temperaturerhöhung durch Wasser gekühlt wurde. Die Wegmessung erfolgte mit einem induktiven Wegaufnehmer, der sich außerhalb des Ofens befindet. Die Kraft- und Wegmeßsignale wurden zu einem Trägerfrequenzmeßverstärker geleitet, der sie in analoge Spannung umwandelte, verstärkte und einem Transientenrecorder zuführte (General-Transient Electronics, Mehrkanal Transienten-Speicher TR 800). Dieser speicherte zunächst wegen zu hoher Stempelgeschwindigkeit die beiden Meßgrößen und zeichnete sie nach dem Versuch über einen x - y - Schreiber aus (Hewlett-Packard Typ 7004).

Die Stauchbahnen wurden auf die jeweiligen Versuchstemperaturen erwärmt, um ein Abkühlen der Proben zu verhindern. Die Temperaturüberwachung erfolgte durch ein an der Stauchbahn angebrachtes Thermoelement.

Die Fließkurven wurden für alle Werkstoffe (Bild 7) aufgenommen. Die gewählten Temperaturen waren (T_R-Rohteiltemperatur) : T_R = 20°C, 600°C, 700°C, 800°C.

Die verwendeten Stauchproben hatten die folgenden Maße:

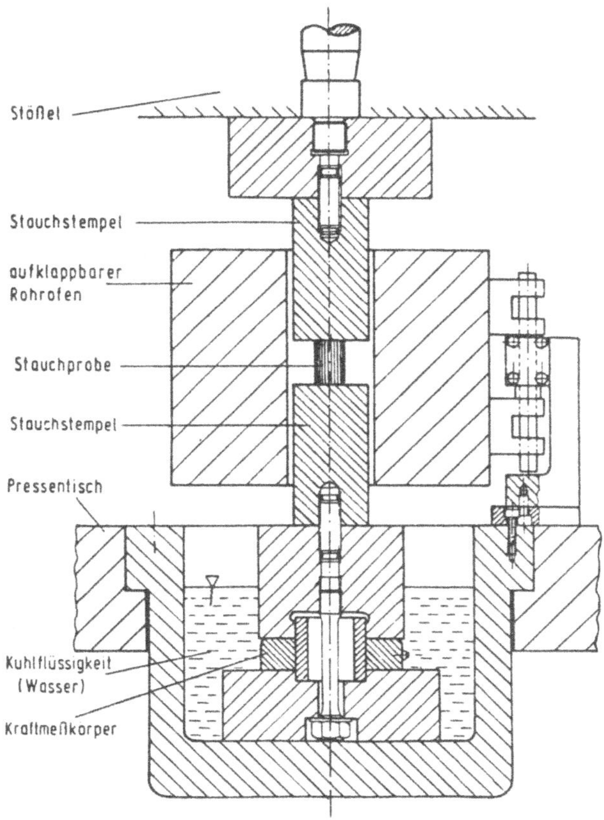

Bild 8: Stauchwerkzeuge zur Aufnahme von Warmfließkurven.

$$d_o = 10 \text{ mm}$$

$$h_o = 16 \text{ mm},$$

was dem günstigen Höhen/Durchmesserverhältnis $h_o/d_o = 1,6$ entspricht.

Die Schmierung der Proben erfolgte durch Auftragen der wäßrigen Graphitdispersion Delta 144.

Die Versuche wurden mit dem größtmöglichen Hub H = 140 mm und der höchstmöglichen Hubzahl n_K = 140 mm^{-1} ausgeführt. Die Proben wurden auf h_1 = 5 mm Endhöhe gestaucht, was einem Umformgrad φ = 1,16 entspricht. Die Auswertung erfolgte jedoch nur bis zu dem Umformgrad von φ = 0,7, um mit einer gleichbleibenden mittleren Umformgeschwindigkeit $\dot{\varphi}_m$ rechnen zu können.

Diese betrug im betrachteten Bereich $\dot{\varphi}_m \approx 40\ s^{-1}$ und konnte mit guter Näherung ($\pm$ 5%) als konstant angesehen werden [44].

Unvermeidlich war beim Stauchen ein leichtes Ausbauchen der Proben. Der dabei entstehende Fehler zur Berechnung der Fließkurven ist nach [44] klein und kann vernachlässigt werden.

3.1.2 Ergebnisse

Die Fließspannung k_f ist abhängig vom Umformgrad φ, der Umformgeschwindigkeit $\dot{\varphi}$ und der Umformtemperatur T_R.

Die Bilder 9 bis 12 zeigen die Fließkurven von C 15 , 9 SMn 28, 10 S 20 und 35 S 20. Es ergab sich für alle Werkstoffe bei Raumtemperatur eine Fließspannungszunahme mit steigendem Umformgrad. Bei Temperaturen von 600°C und 700°C fiel die Fließspannung nach Erreichen eines Höchstwertes mehr oder weniger stark ab. Bei 800°C blieb die Fließspannung nach anfänglichem Anstieg in etwa konstant. Die Stauchproben zeigten bis zum Umformgrad $\varphi \approx 0,7$ keine mit bloßem Auge sichtbaren Anrisse (es ist aber zu beachten, daß auch nach dem Bruchbeginn der Querschnitt der Stauchproben noch trägt, so daß sich - im Gegensatz zum Zugversuch oder zum Torsionsversuch -die ermittelte Fließkurve beim Bruchbeginn zunächst nur schwach ändert. Infolgedessen können die in den Bildern 9 bis 12 gezeigten Fließkurven bis etwa $\varphi \approx 0,7$ als gesichert gelten).

Beim Umformen im beschriebenen Temperaturbereich zwischen 600°C und 800°C treten Rekristallisations- und Kristallerholungsvorgänge auf, sie sind zeit- bzw. geschwindigkeitsabhängig und bauen die entstandene Verfestigung ganz oder teilweise

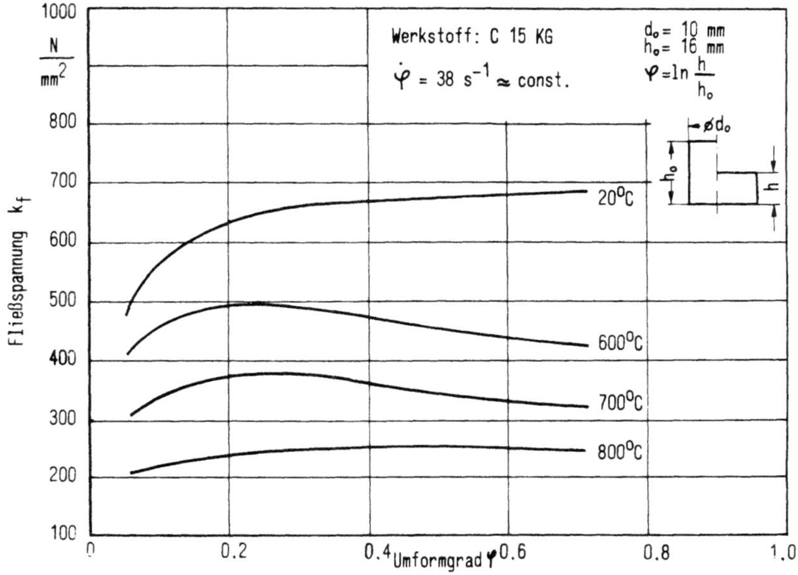

Bild 9: Fließkurven für C 15.

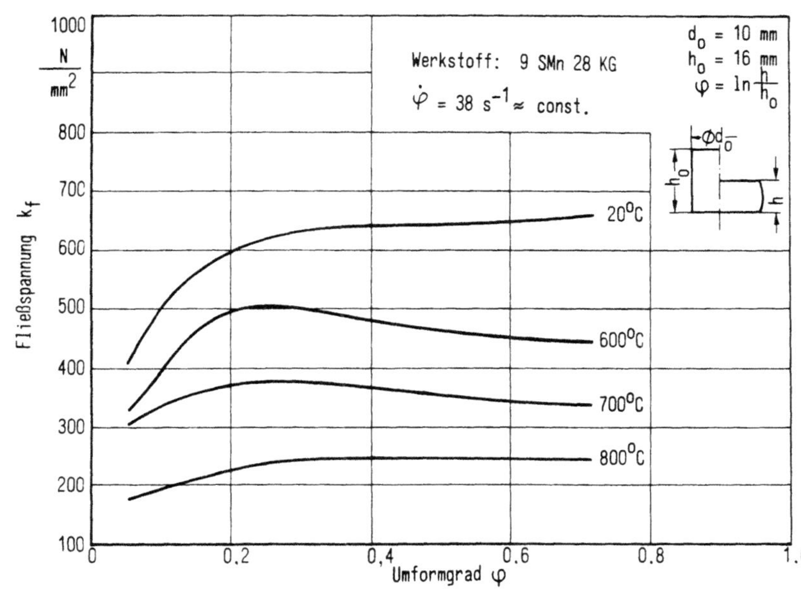

Bild 10: Fließkurven für 9 SMn 28.

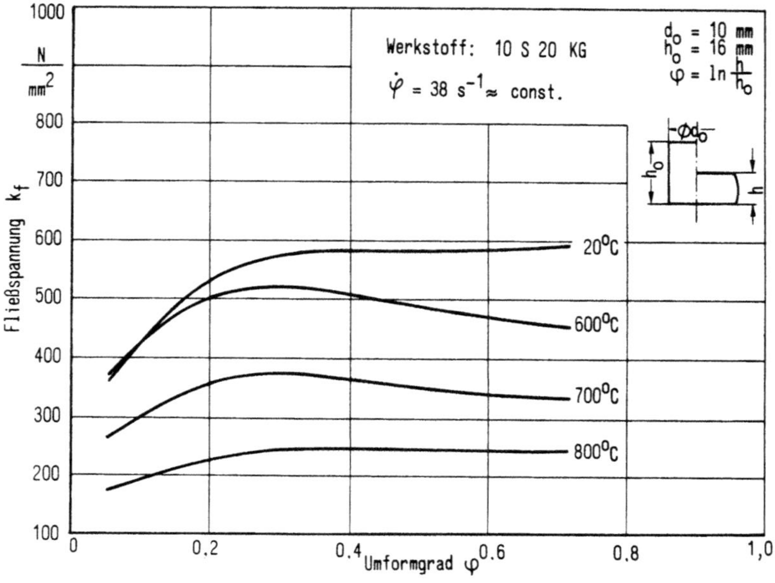

Bild 11: Fließkurven für 10 S 20.

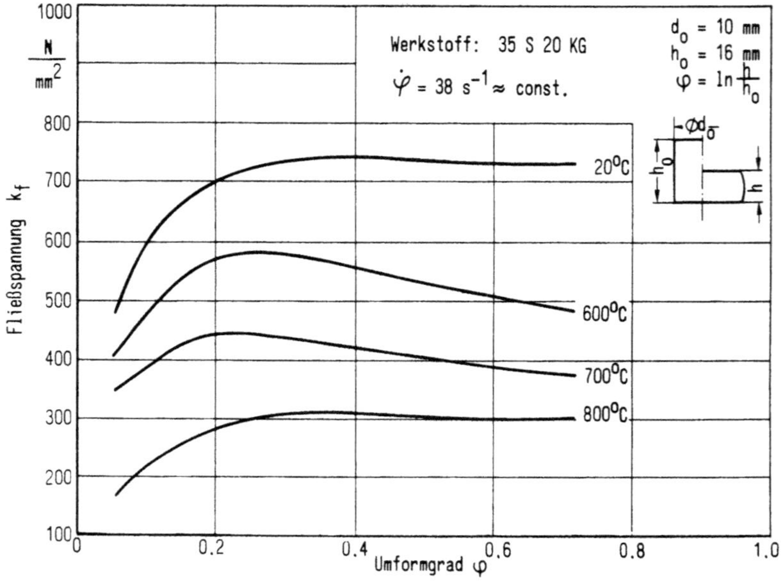

Bild 12: Fließkurven für 35 S 20.

wieder ab. Der Umformgrad wirkte sich daher nicht so stark auf die Fließspannung aus wie bei Raumtemperatur. Weiterhin wird die Fließspannung beeinflußt durch die zum größten Teil in Wärmeenergie umgesetzte Umformarbeit. Dadurch kommt es zu einer Temperaturerhöhung im Werkstück, welche die Fließspannung herabsetzt.

Die Fließspannung von 35 S 20 lag sowohl bei Raumtemperatur als auch bei Halbwarmumformtemperatur deutlich über den Werten der anderen Werkstoffe. Dieses Verhalten kann mit dem festigkeitssteigernden höheren C-Gehalt zusammenhängen.

Die Fließkurven der beiden anderen Automatenstähle 9 SMn 28 und 10 S 20 sowie die des Einsatzstahles C 15 wiesen nur geringe Unterschiede zueinander auf. Bei einer Rohteiltemperatur von T_R = 800°C ergaben sich für die drei letztgenannten Stähle sogar fast gleiche Fließkurvenverläufe.

In Bild 13 ist die mittlere Fließspannung k_{fm} ($k_{fm} = \frac{k_{fo}+k_{fmax}}{2}$) der Warmfließkurven, aufgenommen bei 600°C - 800°C, bezogen auf die mittlere Fließspannung bei Raumtemperatur aufgetragen. Bei allen Werten zeigte sich mit zunehmender Umformtemperatur eine starke Abnahme der Fließspannung.

3.2 Festigkeits- und Zähigkeitskennwerte

Die mechanischen Eigenschaften der Versuchswerkstoffe im Ausgangszustand sind in Tab. 1 und Bild 14 dargestellt.

3.3 Kerbschlagarbeit

Die Versuche zur Ermittlung der Kerbschlagarbeit A_v wurden mit Kerbschlagbiegeproben nach DIN 50115: ISO -Spitzkerbproben auf einem Pendelschlagwerk (Fabrikat Losenhausen, Typ: PSW 30, maximale Schlagarbeit: A_v = 300J)bei Raumtemperatur durchgeführt.
Die Werte der Versuchswerkstoffe im Ausgangszustand sind in den Bildern 60 bis 63 (Kap. 5.3.2) dargestellt.

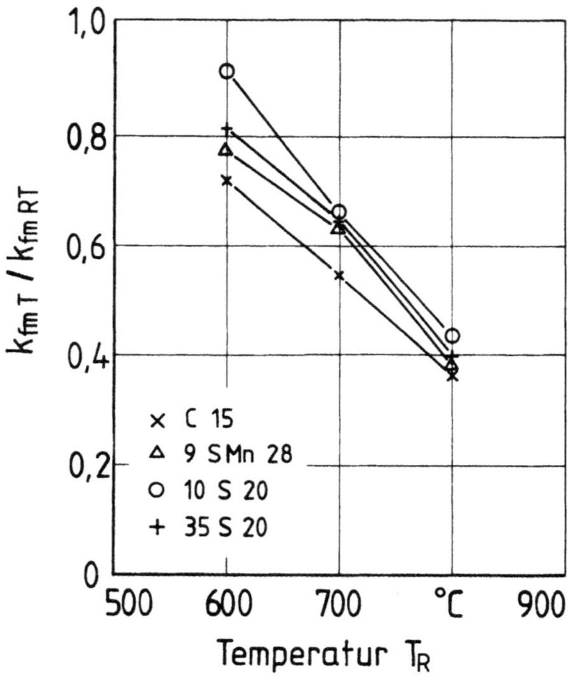

Bild 13: Vergleich der mittleren Fließspannungen im Warmumformbereich bezogen auf die mittleren Fließspannungen bei Raumtemperatur.

3.4 Prüfung der Kalt- und Halbwarmstauchbarkeit

In einem Gemeinschaftsversuch der Internationalen Forschungsgemeinschaft für mech. Produktionstechnik (CIRP) wurde ein neues Prüfverfahren zur Ermittlung der Kaltstauchbarkeit entwickelt [43]. Das Verfahren soll die Verfahrensgrenzen durch Versagen des Werkstückwerkstoffes, d.h. durch Erschöpfung des Formänderungsvermögens, in Abhängigkeit vom jeweiligen Spannungs- bzw. Formänderungszustand, bestimmen. Zur Durchführung des Tests wurden zwei verschiedene Probenarten mit jeweils gleicher Grundform (Kreiszylinder mit ebener Stirnfläche) verwendet, nämlich eine Probe mit glatter Mantelfläche und eine Probe, deren Mantelfläche eine Längsnut aufweist (Bild 15). Die

Tabelle 1: Mechanische Eigenschaften der Versuchswerkstoffe im Ausgangszustand.

Werkstoff		C 15 KG	9 SMn 28 KG	10 S 20 KG	35 S 20 KG
Zugfestigkeit	R_m N/mm^2	450	475	395	555
0.2-Dehngrenze	$R_{p0.2}$ N/mm^2	310	330	215	310
Streckgrenzenverhältnis	$R_{p0.2}/R_m$	0.69	0.69	0.55	0.56
Gleichmaßdehnung	A_g %	21	20	27	20
Bruchdehnung	A_5 %	29	28	40	32
Brucheinschnürung	Z %	64	54	62	53
Kerbschlagarbeit	A_v J	31	20	15	16
Härte	HB 2,5/187,5	123	143	110	173
Verfestigungsexponent	n	0.19	0.18	0.20	0.18

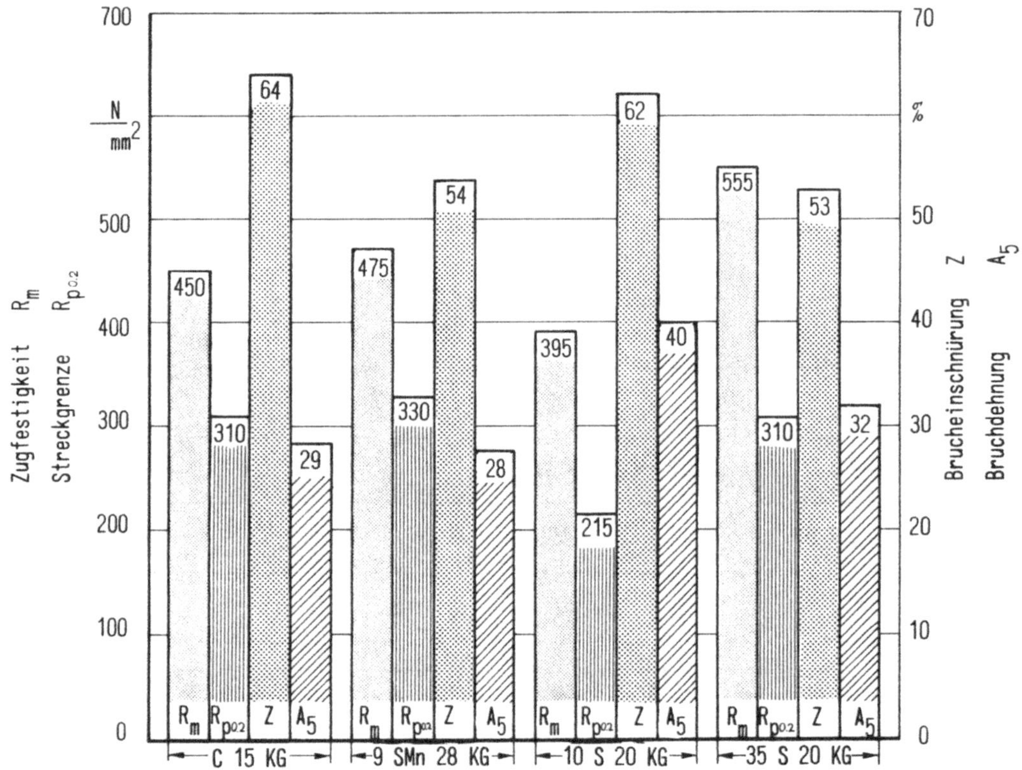

Bild 14: Werkstoffkennwerte im Ausgangszustand.

mit Längsnut versehenen Proben haben die Vorteile, daß Risse in der eng begrenzten Zone der Nut auftreten und daß außerdem Anrisse schon bei geringeren Höhenabnahmen auftreten.

Der Stauchversuch wird in mehreren Stufen durchgeführt, zunächst wird die Probe mit Längsnut um 30% ihrer Ausgangshöhe gestaucht, dann um jeweils 1,5% bis 2,5% der Ausgangshöhe schrittweise solange weitergestaucht, bis mit bloßem Auge sichtbar mindestens ein Anriß, in der Nut auftritt. Die dabei gemessene Höhe des Probenkörpers wird als "kritische Höhe" h_c bezeichnet, aus der die als Maß für die Kaltstauchbarkeit kennzeichnende Größe der "kritischen relativen Höhenänderung" ε_{hc} berechnet werden kann:

$$\varepsilon_{hc} = \frac{h_o - h_c}{h_o}$$

(h_o ist die Ausgangshöhe).

Zur Objektivierung der Beurteilung, wann der erste Riß auftrat, wird nach ersten sichtbaren Anrissen um einen zusätzlichen Schritt weitergestaucht.

Die Ergebnisse des Gemeinschaftsversuches zeigten, daß das Prüfverfahren in der vorliegenden Form reproduzierbare Ergebnisse liefert.

Die in der vorliegenden Arbeit durchgeführten Versuche zur Prüfung der Kalt- und Halbwarmstauchbarkeit wurden mit Proben mit einer Längsnut durchgeführt; die erwähnten Vorteile rechtfertigen den erhöhten Fertigungsaufwand.

Zur Versuchdurchführung stand eine Exzenterpresse (Fabrikat Schuler, Modell PED 63/250) mit F_N = 630 kN zur Verfügung. Die Werkzeuggeschwindigkeit liegt im von [43] geforderten Bereich: 0,1 mm/s $\leq v_{St} \leq$ 10 mm/s.

Für die Halbwarmumformung wurden die Stauchbahnen auf die jeweiligen Temperaturen erwärmt, um ein Abkühlen der heißen Proben zu verhindern.

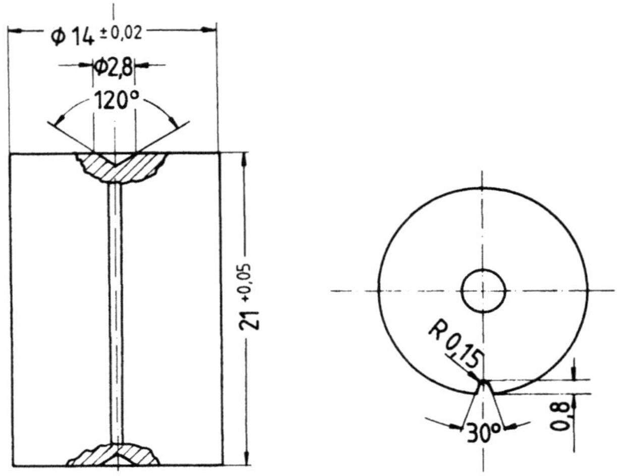

Bild 15: Probenform zur Prüfung der Stauchbarkeit.

Abweichend von dem in [43] beschriebenen schrittweisen Vorgehen: Stauchen- Überprüfen der Proben nach Anrissen - Weiterstauchen, wurden in diesem Fall die Versuchsproben in einer Stufe auf die Endhöhe gestaucht. Für den nächsten Meßwert mußte eine neue Probe verwendet werden. Dieses Verfahren war nowendig, weil eine Rißuntersuchung der heißen Teile nicht möglich war.

Um das Prüfverfahren zu objektivieren und die Ergebnisse leichter vergleichen zu können, wurde die Auswertung wie folgt geändert:
Zur besseren Erkennbarkeit der auftretenden Risse wurden die gestauchten Proben mit Gold bedampft. Anschließend wurde unter einem Meßmikroskop (Fabrikat: Carl Zeiß) die Summe der Rißlängen (nach den unterschiedlichen Stauchgraden) gebildet und über der "kritischen Höhe" h_c aufgetragen (Bild 16 zeigt die Auswertung für 9 SMn 28). Nach Zeichnen der Ausgleichsgeraden konnte die "kritische Höhe" h_c abgelesen werden, bei der die Summe der Rißlängen genau 1 mm beträgt. Aus diesem Wert für die "kritische Höhe" errechnet sich die "kritische relative Höhenänderung" ε_{hc1}. In Bild 17 ist die "kritische Höhe" h_c für die untersuchten Werkstoffe und Rohteiltemperaturen dargestellt.

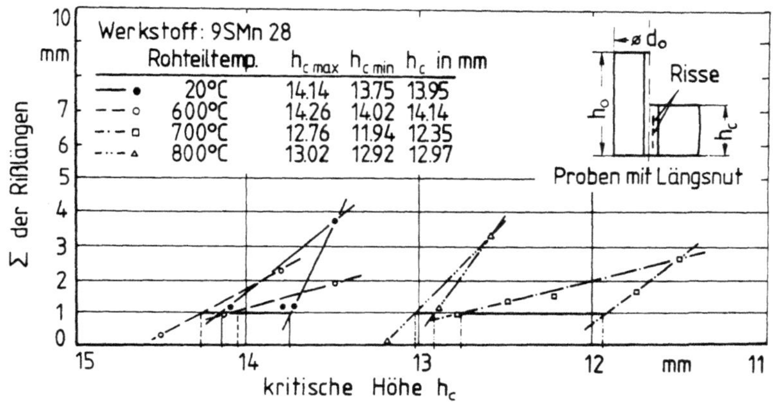

Bild 16: Diagramm zur Ermittlung der "kritischen Höhe" h_c.

Bild 18 zeigt die"kritische relative Höhenänderung" ε_{hc} der verschiedenen Werkstoffe.Es ergaben sich für C 15 bei einer Rohteiltemperatur von 700°C sowie für 10 S 20 bei 700°C und 800°C die höchsten Werte. Bei dem Automateneinsatzstahl 10 S 20 und dem Automatenvergütungsstahl 35 S 20 erhöhte sich die "kritische relative Höhenänderung" mit zunehmender Temperatur. Die erhaltenen Kennwerte für den Automatenweichstahl 9 SMn 28 waren bei Rohteiltemperaturen von 20°C und 600°C etwa gleich, wobei die bei 600°C beobachteten Anrisse jedoch wesentlich feiner und dünner ausgebildet waren. Die ε_{hc} -Werte stiegen dann für 700°C stark an, um bei 800°C wieder schwach abzunehmen.

Die größten "kritischen relativen Höhenänderungen" ε_{hc} wies mit Ausnahme der Umformung bei Raumtemperatur der Automateneinsatzstahl 10 S 20 auf, am ungünstigsten waren die Werte für den Automatenvergütungstahl 35 S 20, was auf den hohen Kohlenstoffgehalt zurückgeführt werden könnte.

Die Auswertung der"kritischen relativen Höhenänderung" ε_{hc} als Maß für die Stauchbarkeit eines Werkstoffes zeigt, daß die Automatenstähle bei Raumtemperatur ein geringeres Formänderungs-

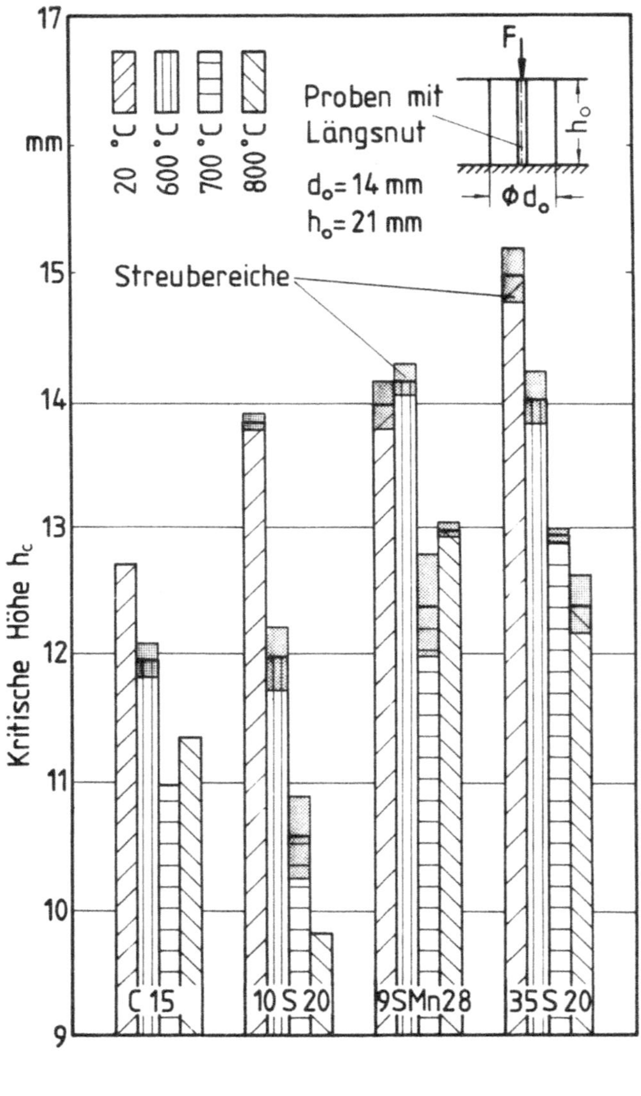

Bild 17: Prüfung der Stauchbarkeit: "kritische Höhe" h_c.

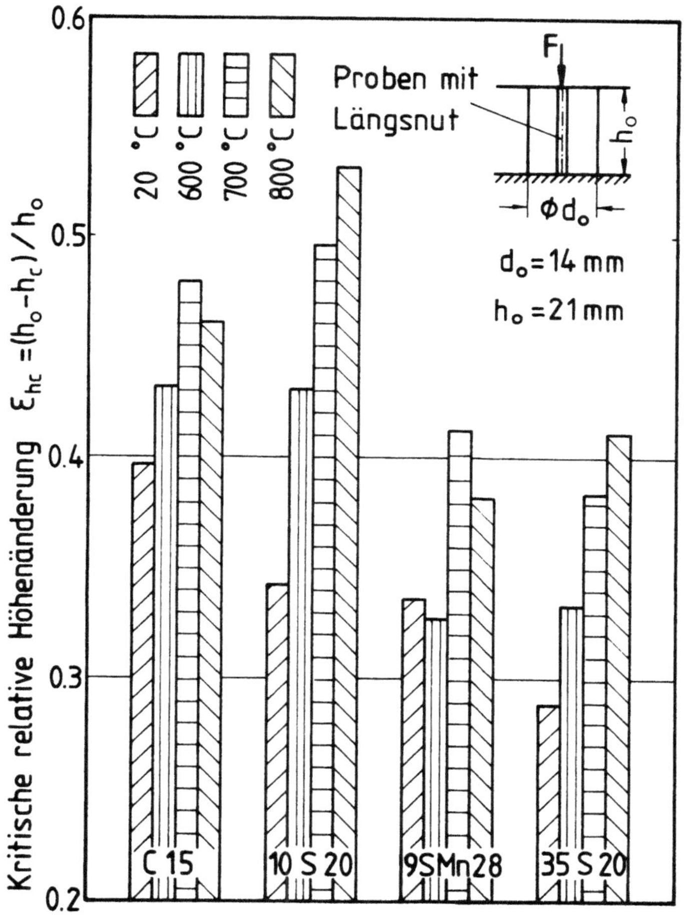

Bild 18: Prüfung der Stauchbarkeit: "kritische relative Höhenänderung" ε_{hc}.

vermögen aufweisen als der Referenzstahl C 15. Auch im Halbwarmbereich gilt das für die Automatenstähle 9 SMn 28 und 35 S 20. Die "kritische relative Höhenänderung" des Automateneinsatzstahls 10 S 20 im Temperaturbereich zwischen 600°C und 700°C ist vergleichbar mit der von C 15 und bei 800°C sogar noch etwas besser.

4 Halbwarmumformung

4.1 Stempelkräfte beim Voll-Vorwärts-Fließpressen (VVFP) und Napf-Rückwärts-Fließpressen (NRFP)

Die Stempelkräfte werden für die Umformverfahren VVFP und NRFP ermittelt. Dabei beträgt der Schaftdurchmesser beim VVFP stets d_1 = 15 mm. Unterschiedliche Umformgrade konnten durch Änderung der Rohteilgeometrie erreicht werden (s.Bild 19).

Um bei einem Endschaftdurchmesser d_1 = 15 mm immer vergleichbare Schaftlängen zu erhalten, wurden sowohl Rohteildurchmesser als auch Rohteilhöhe variiert. Die untersuchten Umformgrade beim VVFP liegen bei φ = 0,5; 0,9; 1,2; 1,6 (das entspricht ε_A = 0,4; 0,6; 0,7; 0,8). Die relative Querschnittsänderung ε_A beim NRFP beträgt einheitlich ε_A = 0,6.

Für die Versuche stand eine Kurbelpresse (Fabrikat KOMATSU-MAYPRESS Typ MKR 2-200/40) mit einer Nennkraft F_N = 2000 kN und einem Gesamthub H = 400 mm zur Verfügung. Die Stempelauftreffgeschwindigkeit beträgt bei einer Hubzahl von $n_K = 28\ \text{min}^{-1}$ je nach Umformgrad zwischen 100 $\frac{\text{mm}}{\text{s}}$ und 180 $\frac{\text{mm}}{\text{s}}$.

Für eine überschlägige Berechnung der mittleren Umformgeschwindigkeit $\dot{\varphi}_m$ beim VVFP und NRFP lassen sich die in [36] angegebenen Gleichungen verwenden.

VVFP: $$\dot{\varphi}_m = \frac{6 \cdot \varphi \cdot d_o^2 \cdot v_{St}}{(d_o^3 - d_1^3)}$$

NRFP: $$\dot{\varphi}_m = \frac{6 \cdot \varphi \cdot d_o^2 \cdot v_{St}}{d_2\ (3d_o^2 - d_2^2)}$$

Hierbei bedeuten: $\varphi = \ln \frac{A_o}{A_1} = \ln\ (1-\varepsilon_A)$ Umformgrad

d_o = Rohteildurchmesser

v_{St} = Stempelauftreffgeschwindigkeit

d_1 = Schaftdurchmesser

d_2 = Napfinnendurchmesser

$d_1 = 15\,mm$
$2\alpha = 90°$

$\varphi = \ln \frac{A_0}{A_1}$

φ	d_0 [mm]	h_0 [mm]	ε_A
0,5	19,0	46	0,4
0,9	23,3	35	0,6
1,2	27,0	30	0,7
1,6	33,1	26	0,8

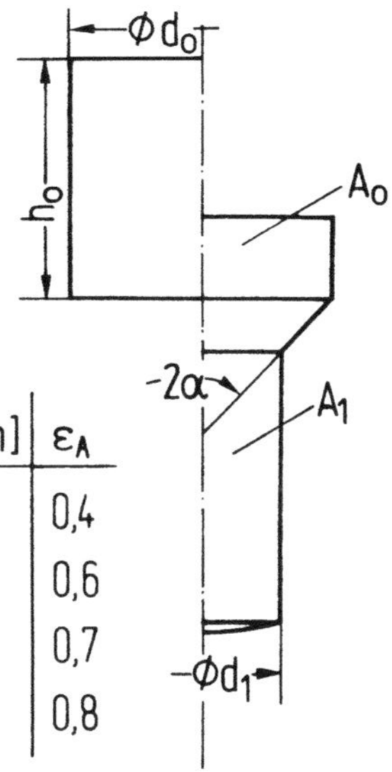

Voll-Vorwärts-Fließpressen

$d_0 = 25\,mm$
$h_0 = 31,25\,mm$
$2\alpha = 166°$
$\varepsilon_A = \frac{A_0 - A_1}{A_0}$

ε_A	d_i [mm]
0,6	19,4

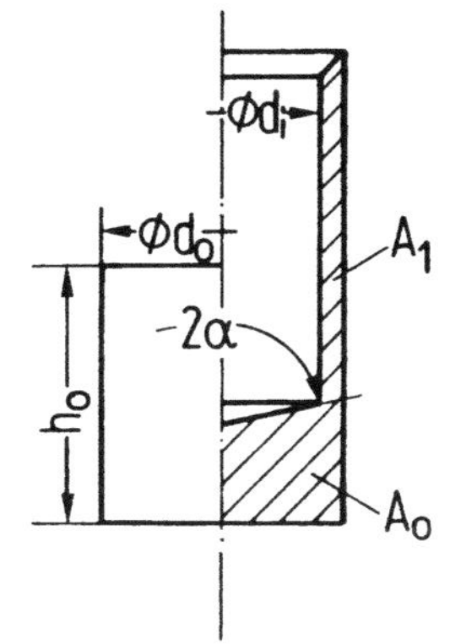

Napf-Rückwärts-Fließpressen

Bild 19: Rohteil- und Fertigteilgeometrie.

Aus den angegebenen Gleichungen ergeben sich die mittleren Umformgeschwindigkeiten zu Vorgangsbeginn für die untersuchten Umformgrade:

VVFP:

φ	-	0,5	0,9	1,2	1,6
$\dot{\varphi}_m$	s^{-1}	55	47	40	32

NRFP:

ε_A	-	0,6
$\dot{\varphi}_m$	s^{-1}	18

Die Versuchswerkzeuge zum VVFP und NRFP sind in Bild 5,6 dargestellt. Für die einzelnen Werkzeugteile fanden die folgenden Werkzeugwerkstoffe Verwendung:

- Stempel: Schnellarbeitsstahl 510-4-3-10
- Preßbüchse: Kaltarbeitsstahl X 155 CrVMo 12 1
- Armierungsringe: Warmarbeitsstahl X 40 CrMoV 5 1

Das Werkzeug wurde zur Vermeidung eines Temperaturschocks auf ca. 150°C aufgeheizt. Zu diesem Zweck lag um den äußeren Schrumpfring eine Heizspirale, die die Matrize und den vor Versuchsbeginn in die Preßbüchse eingefahrenen Fließpreßstempel erwärmte.

Die Stempelkraft wurde durch eine im Kraftfluß vorspannungsfrei eingebaute Kraftmeßdose und der Weg über einen induktiven Wegaufnehmer (Fabrikat Hottinger, Typ W 50) gemessen. Beide Meßsignale wurden zu einem Trägerfrequenzmeßverstärker (Fabrikat Hottinger, Typ KWS/II-5) geleitet, der sie in analoge Spannungen umwandelte und einem Lichtstrahlschreiber (Fabrikat Honeywell, Typ Visicorder 906 S) zuführte. Dieser zeichnete die Kraft und den Weg in Abhängigkeit von der Zeit auf.

Zur Schmierung der Rohteile bei Raumtemperatur diente auf eine Zink-Phosphatschicht (Phosphavit 911, Zwez Chemie) aufgebrachte Seife (Bonderlube 234). Für die Versuche bei 600°C bis 800°C fand die wäßrige Graphitdispersion Delta 144 (Hersteller:

Deutsche Acheson GmbH, Ulm) Verwendung. Die Proben wurden auf rund 100°C vorgewärmt und dann durch Auftragen der Dispersion beschichtet. Ebenso wie die Rohteile waren auch die Werkzeuge mit Delta 144 geschmiert. Der Schmierstoff haftete auf vorgewärmten Oberflächen besser als auf nicht erwärmten. Die Rohteile wurden in einem elektrisch beheizten Kammerofen erwärmt. Die zum Fließpressen eingestellten Rohteiltemperaturen waren:

$$T_R = 600°C, 700°C, 800°C.$$

Die Rohteiltemperatur T_R ist die Temperatur, die das erwärmte Rohteil bei Entnahme aus dem Ofen hatte. Die Abkühlung während des Transportes vom Ofen in das Werkzeug beträgt bei einer durchschnittlichen Hantierungszeit von 5 bis 10 s etwa 10°C [9]. Wesentlich stärker ist die Abkühlung erst dann, wenn das heiße Teil in das relativ kältere Werkzeug eingebracht wird.

4.1.1 Ergebnisse des Voll-Vorwärts-Fließpressens

Die gemessenen maximalen Stempelkräfte F_{Stmax} in Abhängigkeit von der Rohteiltemperatur T_R beim Voll-Vorwärts-Fließpressen sind in den Bildern 20-23 für die Werkstoffe C 15,9 SMn 28, 10 S 20 und 35 S 20 dargestellt.

Die Stempelkraft steigt für alle untersuchten Werkstoffe mit größer werdendem Umformgrad an und fällt mit zunehmender Temperatur ab. Dabei ist zu beobachten, daß die Stempelkraft bei höheren Temperaturen um so stärker abnimmt, je größer der Umformgrad ist. Dies kann auf Kristallerholungs- bzw. Rekristallisationsvorgänge zurückgeführt werden.

Desweiteren ist zu beobachten, daß die entsprechenden Werte der verschiedenen Werkstoffe sich nur schwach unterscheiden. Wie auch beim Vergleich der Warmfließkurve liegen die Meßwerte für den Automatenvergütungsstahl 35 S 20 am höchsten.

Um die tatsächliche Stempelbelastung zu ermitteln, muß die maximale Stempelkraft F_{Stmax} auf den jeweiligen Stempelquerschnitt

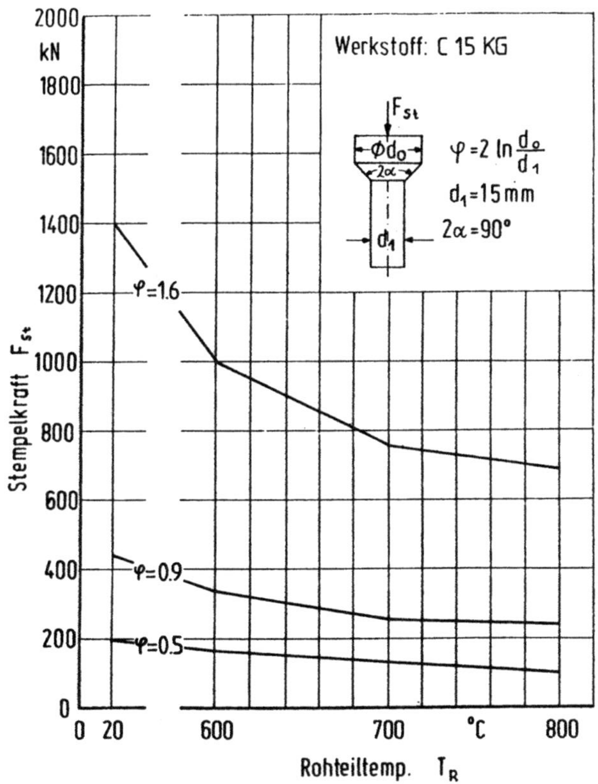

Bild 20: Stempelkraft beim Voll-Vorwärts-Fließpressen (C 15).

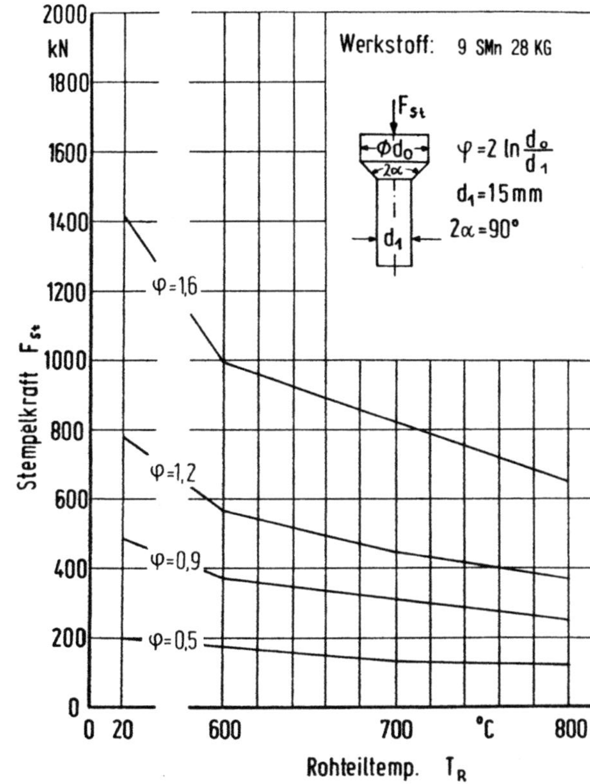

Bild 21: Stempelkraft beim Voll-Vorwärts-Fließpressen (9 SMn 28).

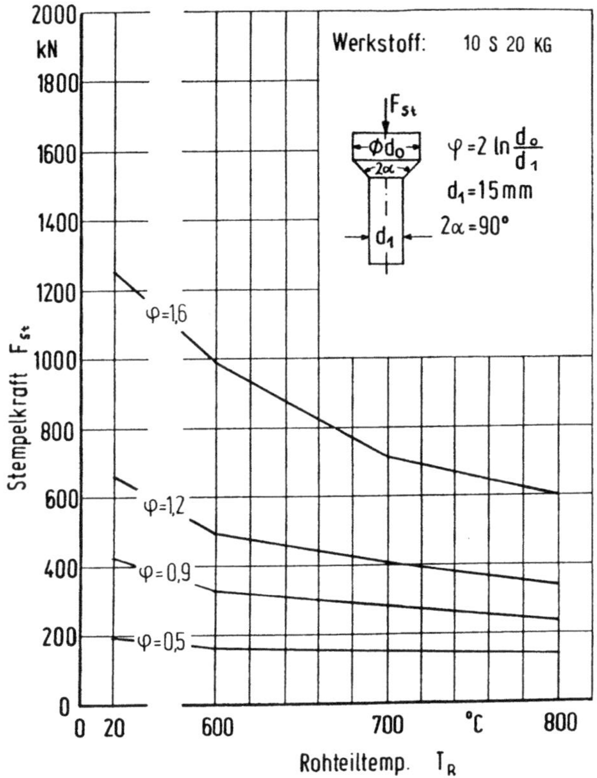

Bild 22: Stempelkraft beim Voll-Vorwärts-Fließpressen (10 S 20).

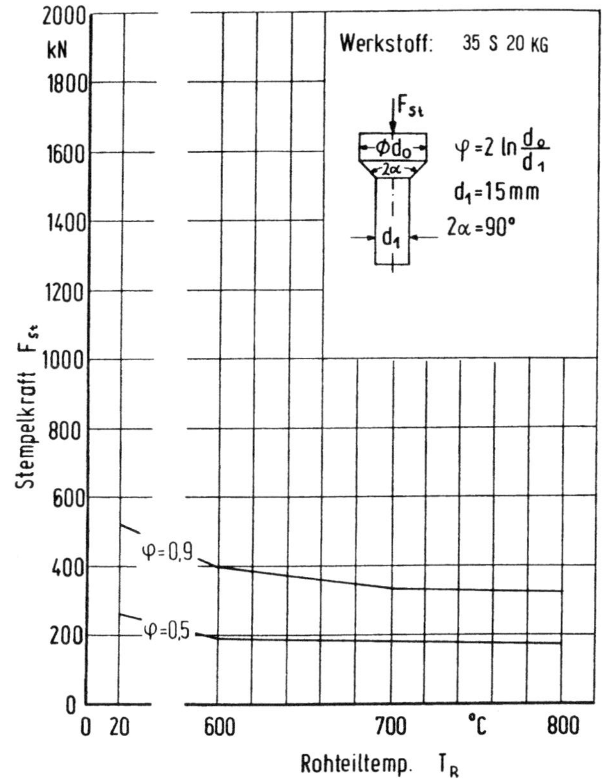

Bild 23: Stempelkraft beim Voll-Vorwärts-Fließpressen (35 S 20).

A_{St} bezogen werden. Es ergibt sich die bezogene maximale Stempelkraft $\bar{p}_{Stmax}$:

$$\bar{p}_{Stmax} = \frac{F_{Stmax}}{A_{St}}$$

Ein Vergleich dieser Größe mit der Fließspannung in Abhängigkeit von der Rohteiltemperatur ist in Bild 24 zu sehen. Die eingezeichneten Bandbreiten geben dabei die Versuchsergebnisse aller untersuchten Werkstoffe wieder (das gilt sowohl für das Voll-Vorwärts-Fließpressen als auch für die im Stauchversuch aufgenommene Fließspannung). Es zeigt sich eine relativ gute Übereinstimmung der Kurvenverläufe der Stempelkraft mit der im Stauchversuch ermittelten Fließspannung.

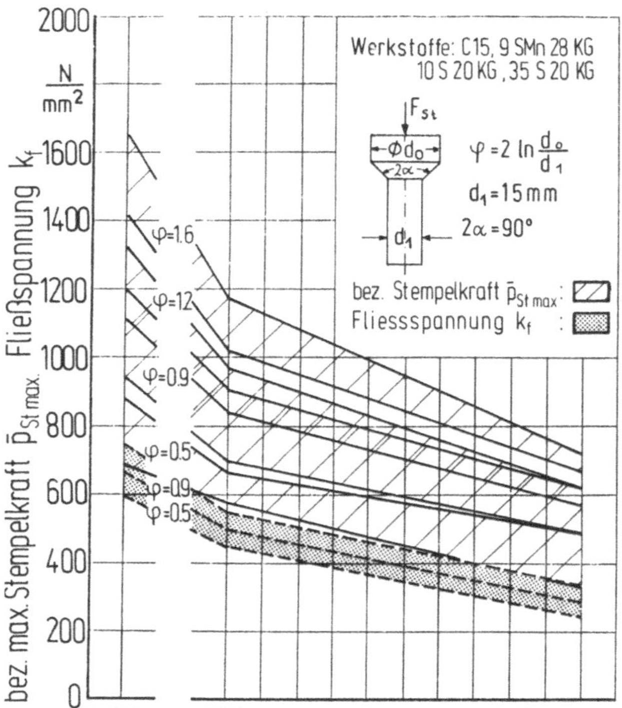

Bild 24: Vergleich: bezogene maximale Stempelkraft-Fließspannung.

Die Fließspannung ist die grundlegende Größe zur Berechnung der Stempelkraft beim Kaltfließpressen. Um den Zusammenhang Fließspannung - maximale Stempelkraft auch für die Halbwarmumformung zu untersuchen, wurde der jeweilige Wert, bezogen auf die bei Raumtemperatur ermittelte Meßgröße ($F_{StmaxT}/F_{StmaxRT}$; k_{fT}/k_{fRT}) errechnet und in Bild 25 in Abhängigkeit von der Temperatur dargestellt. Der schraffierte Raum für die bezogenen Stempelkräfte umfaßt den Bereich der je Werkstoff untersuchten Umformgrade. Der kleinste Umformgrad ist für alle Stähle $\varphi = 0{,}5$, der größte untersuchte Umformgrad beträgt für C 15, 9 SMn 28 und 10 S 20: $\varphi = 1{,}6$ und für 35 S 20 $\varphi = 0{,}9$.

Ersichtlich stimmen die Kurvenverläufe recht gut überein. Lediglich ab ca. 700°C nimmt die bezogene Fließspannung mit zunehmender Temperatur etwas stärker ab als die bezogene Stempelkraft. Das ist möglicherweise auf die veränderten Reibbedingungen bei höheren Temperaturen zurückzuführen (bedingt durch einsetzende Zunderbildung und Schichtdickenverminderung des aufgebrachten Schmierstoffs bei der Erwärmung der Rohteile im Ofen; die Erwärmungsdauer der Proben bis zur Temperatur von 800°C betrug ca. 30 min).

4.1.1.1 Rechnerische Ermittlung des Kraftbedarfs beim Voll-Vorwärts-Fließpressen

Zur Berechnung der Umformkraft dient die Fließspannung k_f. Im letzten Abschnitt wurde gezeigt, daß eine relativ gute Übereinstimmung zwischen der experimentell ermittelten Stempelkraft und der Fließspannung auch für den Bereich der Halbwarmumformung besteht.

An dieser Stelle sollen einige Möglichkeiten zur Berechnung der Stempelkraft für das Voll-Vorwärts-Fließpressen von Automatenstählen bei erhöhten Temperaturen gezeigt werden. Dabei tritt in allen Beziehungen die mittlere Fließspannung k_{fm}, gegeben durch

$$k_{fm} = \frac{1}{\varphi} \int_0^1 k_f(\varphi)\, d\varphi$$

auf.

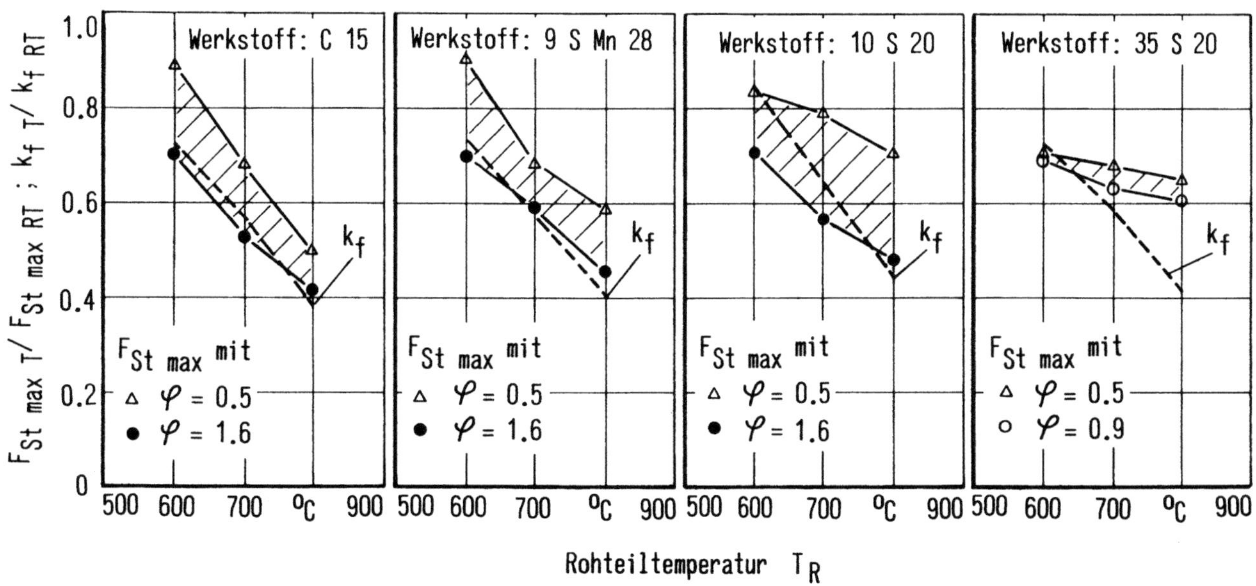

Bild 25: Relative Stempelkraft und Fließspannung.

Die Funktion k_f (φ) ist im allgemeinen Fall nicht in einfacher mathematischer Form darstellbar. Auch eine Berechnung von k_{fm} durch den arithmetischen Mittelwert aus dem Kleinst- und Größtwert für k_f führt zu größeren Ungenauigkeiten. Daher wird die Fließkurve in mehrere Bereiche unterteilt, und die mittlere Fließspannung k_{fm} aus der Summe der mittleren Fließspannung ermittelt.

Kraftberechnung nach der elementaren Plastizitätstheorie

Die Berechnung der Stempelkraft ist mit Hilfe der elementaren Plastizitätstheorie [45] nach Siebel möglich:

$$F_{ges} = F_{id} + F_{RS} + F_{RW} + F_{Sch}$$

Dabei ergibt sich die Gesamtkraft F_{ges} für das Voll-Vorwärts-Fließpressen aus der Summe der verlustlosen Umformkraft F_{id}, der Reibkraft an der Fließpreßschulter F_{RS}, der Reibkraft zwischen Werkstück und Preßbüchsenwand F_{RW} und der Kraft F_{Sch}, zur Überwindung der inneren Schiebung.

Mit dieser Berechnungsmethode wird der instationäre Anfangsbereich nicht erfaßt, sondern nur der quasistationäre Teil. Außerdem ist nach Annahme von Siebel die Reibzahl μ über dem gesamten Umformvorgang konstant, was nicht zutrifft. So muß eine Reibzahl geschätzt werden, wodurch sich u.U. beliebig hohe Kräfte errechnen lassen.

Den Bildern 26bis29 liegendie Reibzahlen $0{,}05 \leq \mu \leq 0{,}1$ zugrunde. Es zeigt sich eine relativ gute Übereinstimmung der berechneten Stempelkräfte mit den gemessenen Versuchswerten. Das gilt sowohl für den Einsatzstahl C 15, als auch für die untersuchten Automatenstähle bei Raumtemperatur und im Halbwarmbereich.

Kraftberechnung nach Sieber

Die bezogene maximale Stempelkraft nach Sieber [45] ergibt sich aus der Beziehung:

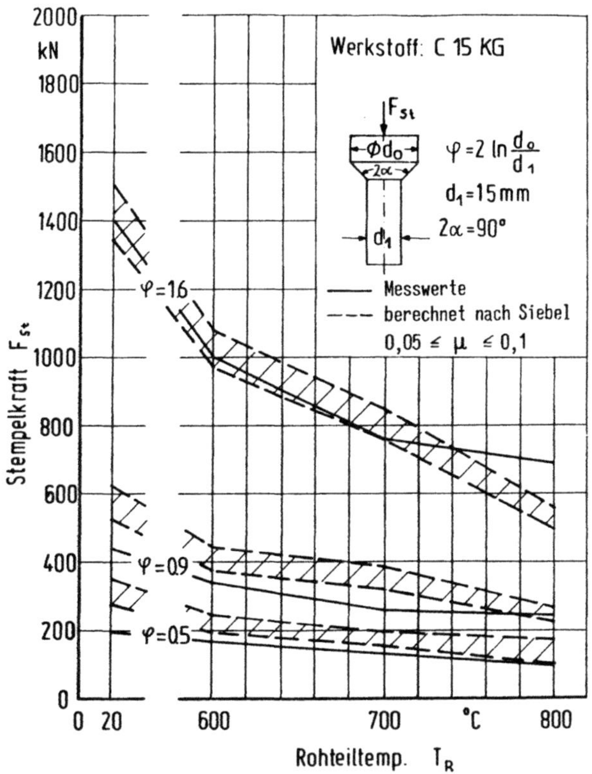

Bild 26: Kraftberechnung nach der elementaren Plastizitätstheorie für C 15.

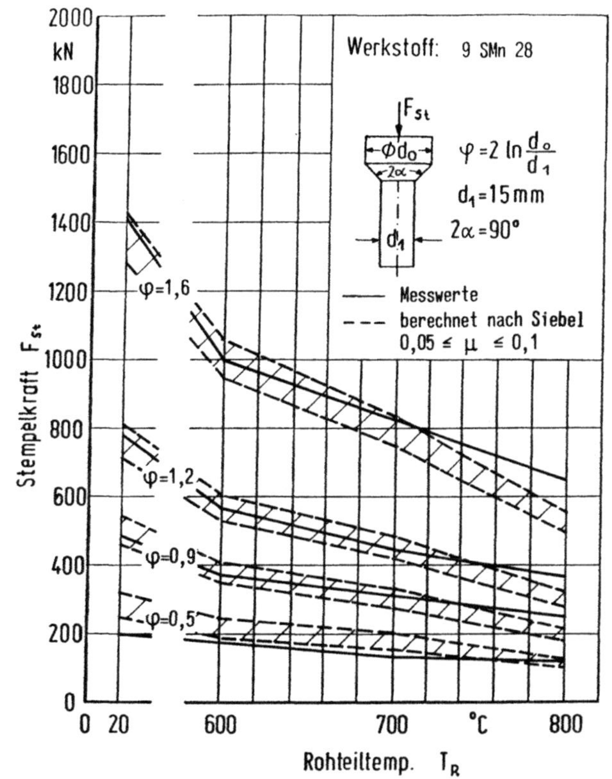

Bild 27: Kraftberechnung nach der elementaren Plastizitätstheorie für 9 SMn 28.

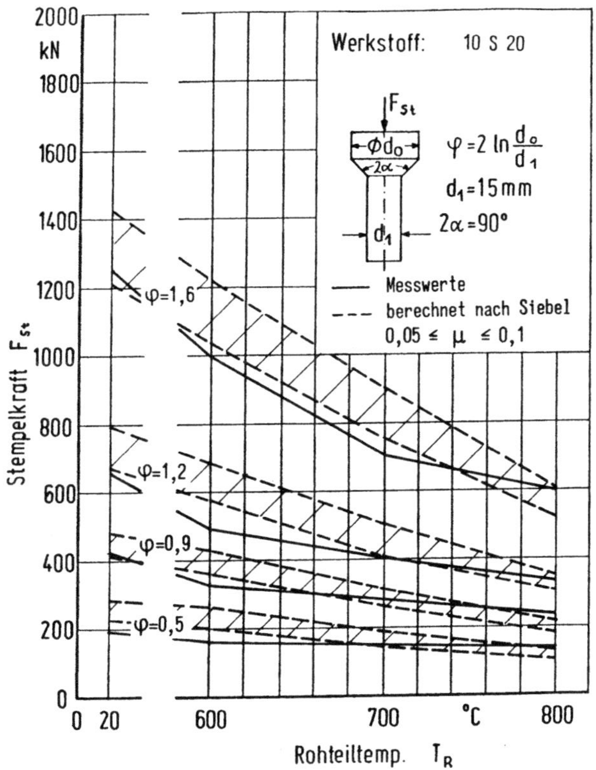

Bild 28: Kraftberechnung nach der elementaren Plastizitätstheorie für 10 S 20.

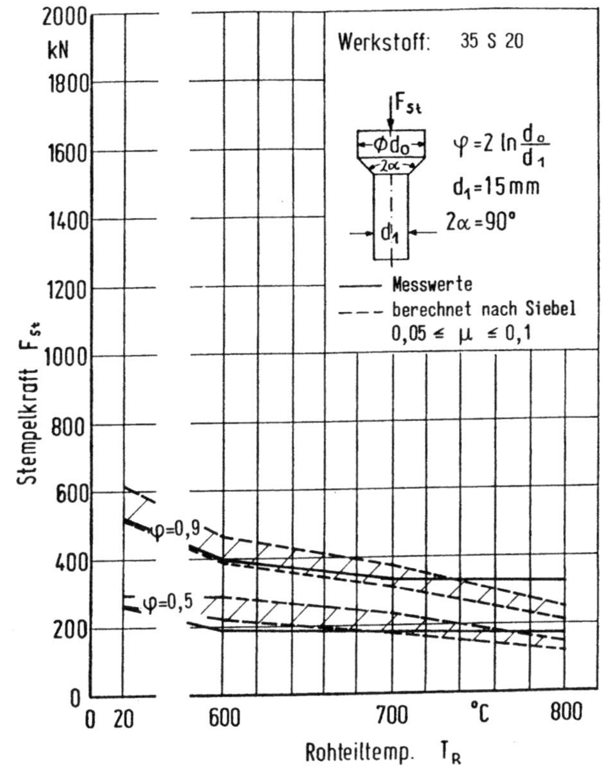

Bild 29: Kraftberechnung nach der elementaren Plastizitätstheorie für 35 S 20.

$$p_{Stmax} = \sigma_{zm} + (\sigma_{zm} - k_{fo}) \cdot 4 \cdot \mu \cdot \sqrt{1/d_o}$$

$$\text{mit } \sigma_{zm} = k_{fm} \left(\varphi_{max} + \frac{2\,\hat{\alpha}}{3}\right) \left(1 + \frac{\mu}{\hat{\alpha}}\right)$$

Nach dieser Gleichung hat die Reibzahl μ einen noch größeren Einfluß auf die Stempelkraft als in der Berechnungsmethode von Siebel. Daher ist dieses Berechnungsverfahren unbefriedigend, da durch die Wahl der Reibzahl das Ergebnis stark zu beeinflussen ist.
Die Bilder 30-33 zeigen die Meßwerte und die berechneten Werte nach Sieber mit einer Reibzahl $0{,}05 \leq \mu \leq 0{,}1$.

Kraftberechnung nach Billigmann und Feldmann

Billigmann und Feldmann [40] geben für das Voll-Vorwärts-Fließpressen die Gleichung an:

$$F = A_o \cdot k_{fm} \left(\ln \frac{A_o}{A_1} + \hat{\alpha} \frac{4}{3\sqrt{3}}\right) \left(1 + \frac{\mu}{\sin\alpha \cdot \cos\alpha}\right)$$

Die nach dieser Beziehung ermittelten Stempelkräfte sind in den Bildern 34-37 dargestellt.
Für angenommene Reibzahlen $0{,}05 \leq \mu \leq 0{,}1$ liegen die berechneten Werte über den im Versuch ermittelten. Das gilt für alle Werkstoffe und die verschiedenen Umformgrade.

Kraftberechnung nach dem Schrankenverfahren

Eine weitere Methode zur Abschätzung der maximalen Stempelkräfte beim Fließpressen ist durch das auf den Extremalansätzen beruhenden Schrankenverfahren gegeben [46,47,48].
Das Prinzip der "oberen Schranke" beruht darauf, daß unter allen kinematisch zulässigen Geschwindigkeitsfeldern das Geschwindigkeitsfeld, das zu einem Minimum der Umformleistung führt, den wirklichen Verhältnissen am besten entspricht.

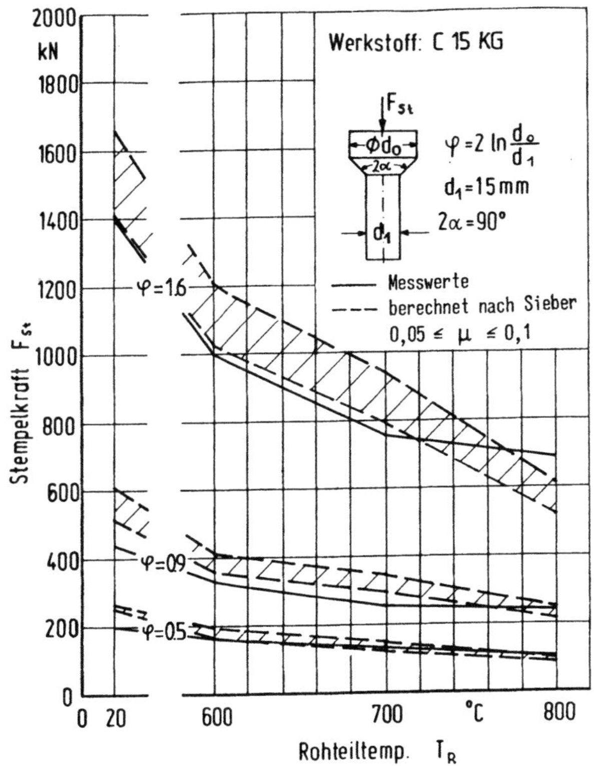

Bild 30: Kraftberechnung nach Sieber für C 15.

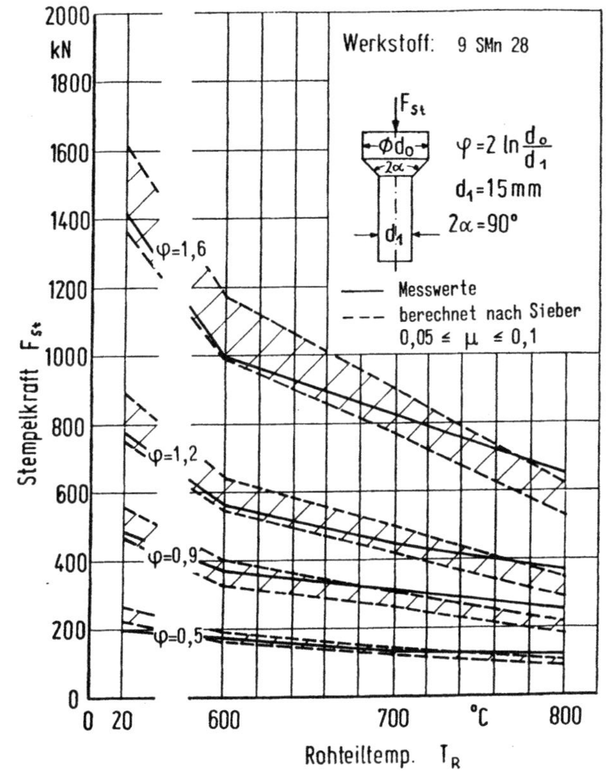

Bild 31: Kraftberechnung nach Sieber für 9 SMn 28.

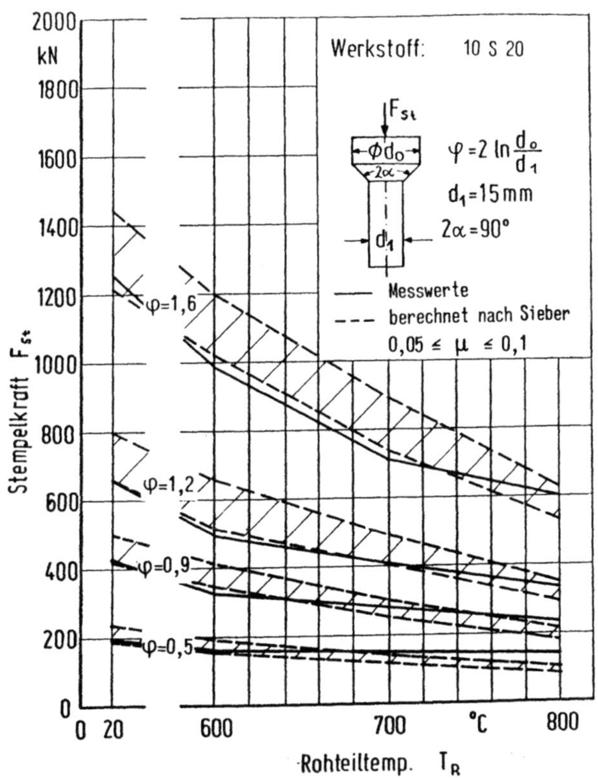

Bild 32: Kraftberechnung nach Sieber für 10 S 20.

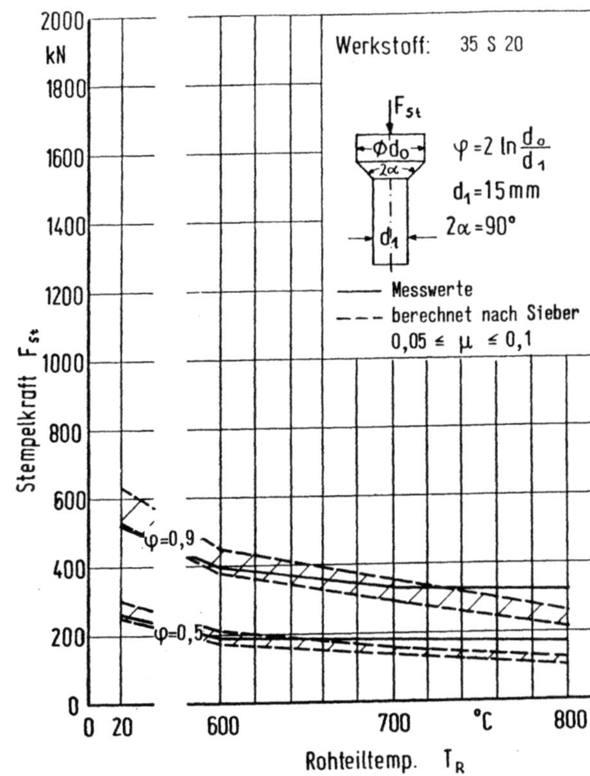

Bild 33: Kraftberechnung nach Sieber für 35 S 20.

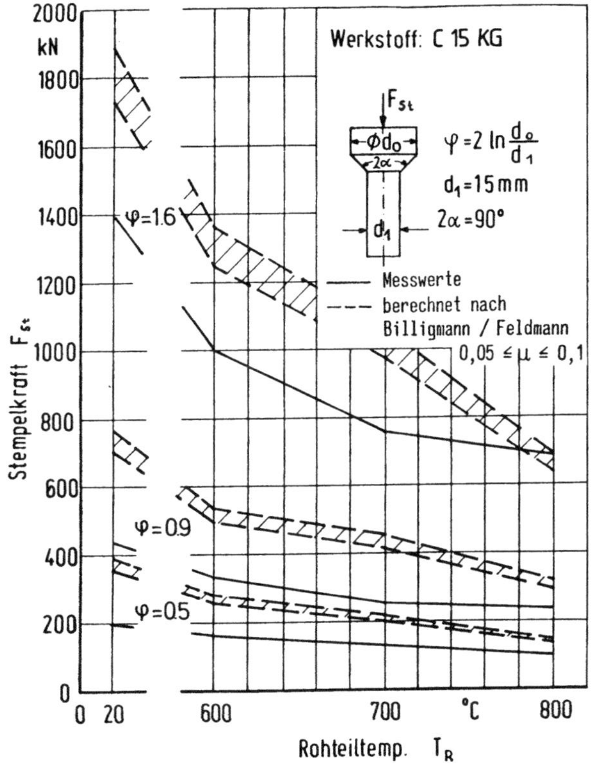

Bild 34: Kraftberechnung nach Billigmann und Feldmann für C 15.

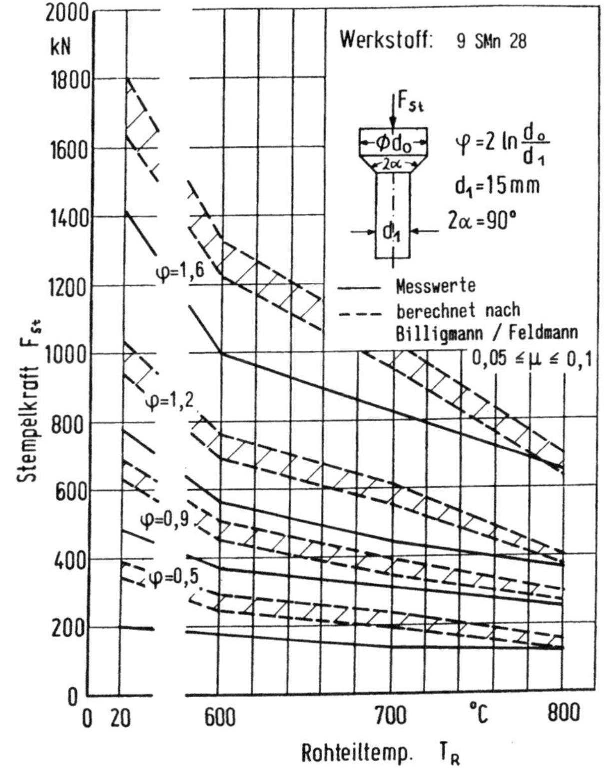

Bild 35: Kraftberechnung nach Billigmann und Feldmann für 9 SMn 28.

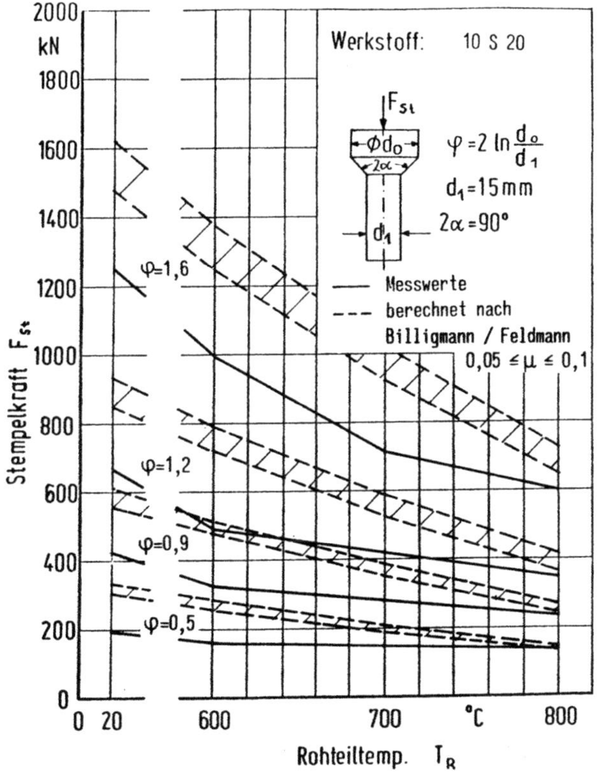

Bild 36: Kraftberechnung nach Billigmann und Feldmann für 10 S 20.

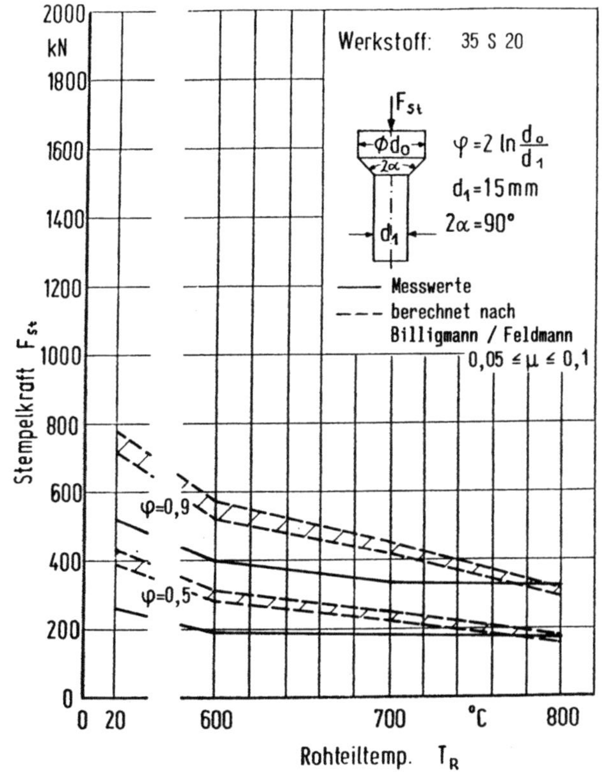

Bild 37: Kraftberechnung nach Billigmann und Feldmann für 35 S 20.

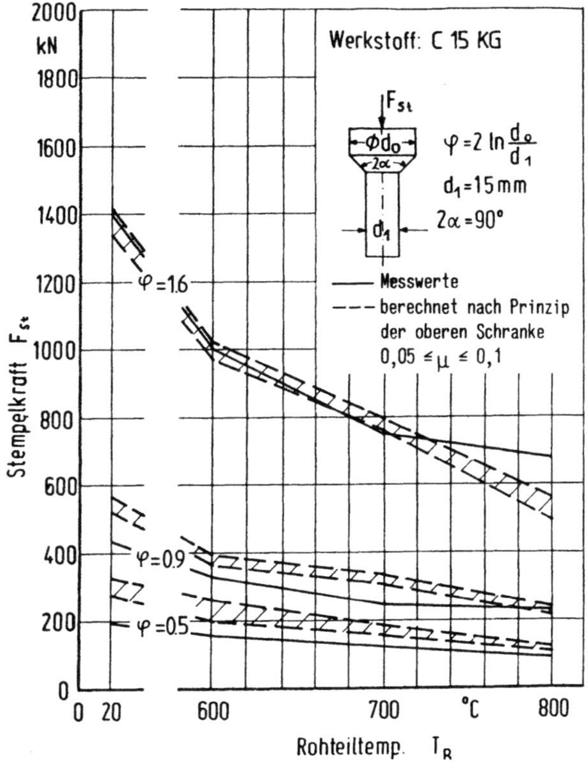

Bild 38: Kraftberechnung nach dem Schrankenverfahren für C 15

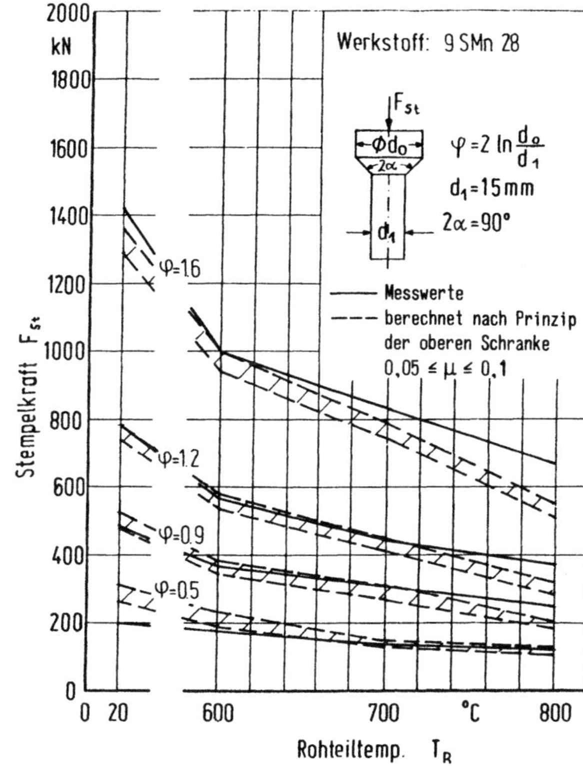

Bild 39: Kraftberechnung nach dem Schrankenverfahren für 9 SMn 28

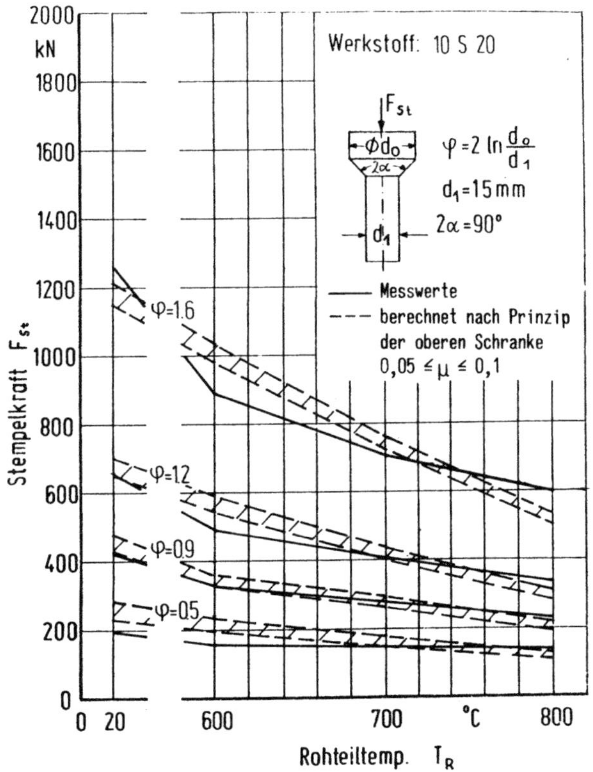

Bild 40: Kraftberechnung nach dem Schrankenverfahren für 10 S 20

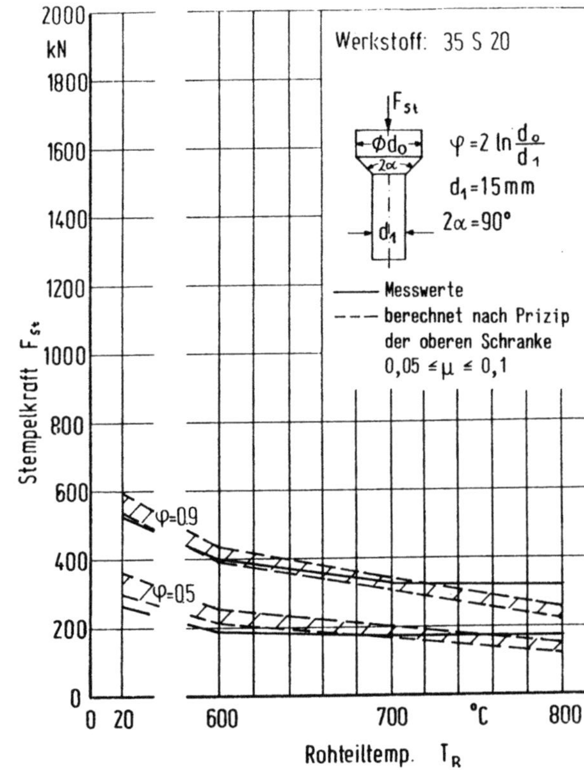

Bild 41: Kraftberechnung nach dem Schrankenverfahren für 35 S 20

Nach einem in [46] angegebenen Geschwindigkeitsansatz für das Voll-Vorwärts-Fließpressen wurden die auftretenden Kräfte berechnet. In den Bildern 38-41 sind gemessene und berechnete Werte für Reibzahlen zwischen 0,05 und 0,1 gegenübergestellt. Es treten, besonders im Bereich größerer Umformgrade, Abweichungen auf, so daß im strengen Sinn nicht von oberer Schranke gesprochen werden kann.

Zusammenfassend kann gesagt werden, daß durch die untersuchten Gleichungen eine gute Abschätzung der beim Voll-Vorwärts-Fließpressen von Automatenstählen auftretenden Kräfte möglich ist, die Genauigkeit jedoch stark von der exakten Bestimmung der mittleren Fließspannung k_{fm} und der Wahl der Reibzahl μ abhängig ist.

4.1.1.2 Einfluß des Schulteröffnungswinkels beim Voll-Vorwärts-Fließpressen

Der Einfluß des Schulteröffnungswinkels beim Voll-Vorwärts-Fließpressen wurde für die Werkstoffe C 15 und 9 SMn 28 untersucht. Dabei wurde der Schulteröffnungswinkel 2α zwischen 60° und 120° variiert. Der Umformgrad betrug $\varphi = 1{,}2$. Die Rohteiltemperaturen betrugen $T_R = 20°C$ und 700°C.

Sowohl für die Umformung bei Raumtemperatur als auch bei 700°C stieg für beide untersuchte Werkstoffe die Stempelkraft F_{St} mit größer werdendem Schulteröffnungswinkel (vgl. Bild 42). Die Kraftzunahme von $2\alpha = 60°$ auf $2\alpha = 120°$ betrug bei Raumtemperatur ca. 33 %. Wesentlich geringer war der Anstieg der Stempelkraft bei 700°C. Hier wurde eine Zunahme von knapp 10 % gemessen.

4.1.1.3 Verfahrensgrenze

Die Verfahrensgrenze ist dann erreicht, wenn ein Vorgang nicht mehr ohne Beschädigung des Werkzeuges oder Werkstückes durchgeführt werden kann. Beim Fließpressen sind derartige Versagensfälle durch das Erschöpfen des Formänderungsvermögens des

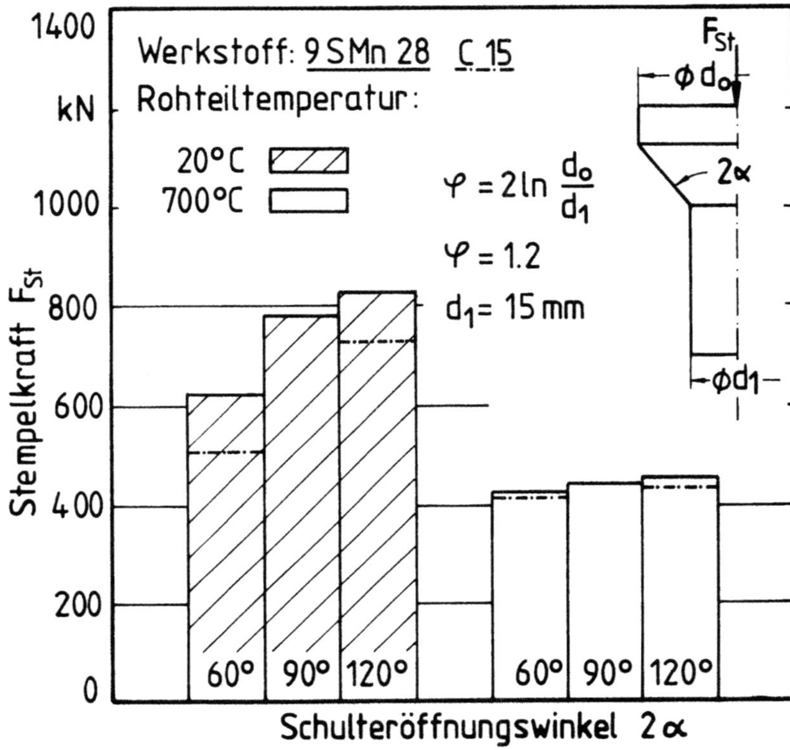

Bild 42: Einfluß des Schulteröffnungswinkels auf die Stempelkraft.

Werkstückwerkstoffes oder durch Überbeanspruchung der Matrize gegeben.

Ein häufig auftretender Versagensfall ist der Zentralbruch. Hierbei handelt es sich um pfeilspitzenartige Brüche im Innern fließgepreßter Proben [37,38,40]. Die Entstehung dieser Anrisse hängt vom Umformgrad, dem Schulteröffnungswinkel, dem Reibzustand und dem Werkstoffzustand ab, daneben können auch die Temperatur und die Umformgeschwindigkeit von Bedeutung sein. In den hier durchgeführten Versuchen wurden keine Fehler der beschriebenen Art festgestellt.

Eine weitere mögliche Fehlererscheinung ist das Aufreißen des Schaftes in Umfangsrichtung. Dieser Versagensfall ist vom Strangpressen her bekannt: infolge Warmbrüchigkeit bei zu hoher Umformgeschwindigkeit oder -temperatur treten diese sogenannten "Tannenbaumfehler" auf [39,41].
Anrisse ähnlicher Art -Rißbildung in Umfangsrichtung- traten bei den mit einem Umformgrad von $\varphi = 0{,}9$ im Halbwarmtemperaturbereich fließgepreßten Werkstücken auf (Bilder 43 und 44). Vereinzelt sind auch bei Umformgraden von $\varphi = 1{,}2$ kleinste Risse aufgetreten.

Bei der Umformung bei Raumtemperatur wurden keine sichtbaren Versagensfälle beobachtet. Eine Verringerung der Größe und Anzahl der Anrisse war durch Verändern der Rohteilgeometrie - durch starkes Anfasen der Proben - möglich. Andererseits besteht in bestimmten Fällen auch die Möglichkeit, die Rißbildung durch Aufbringen eines Gegendruckes zu unterdrücken [41].

4.1.2 Ergebnisse des Napf-Rückwärts-Fließpressens (NRFP)

Die Rohteile für das NRFP hatten einen Durchmesser $d_o = 25$ mm und eine Höhe $h_o = 31{,}25$ mm. Der verwendete Stempel wies eine kegelige Stirnfläche mit einem Kegelwinkel $2\alpha = 166°$ auf. Die relative Querschnittsänderung ε_A betrug bei einem Napfinnendurchmesser von $d_i = 19{,}4$ mm:

$$\varepsilon_A = \frac{A_o - A_1}{A_o} = 0{,}6$$

Dieser Wert liegt an der oberen Grenze des von [52] bestimmten Bereiches, der mit $0{,}6 \leq \varepsilon_A \leq 0{,}35$ für schwerer zu verarbeitende Stähle angegeben ist. Nach [52] sollte die Wanddicke s_o zwischen $0{,}3\, d_o$ und $0{,}07\, d_o$ liegen, d.h.:

$$1{,}73 \text{ mm} \leq s_o \leq 7{,}4 \text{ mm}.$$

Die Wanddicke der Näpfe betrug $s_o \approx 2{,}9$ mm.

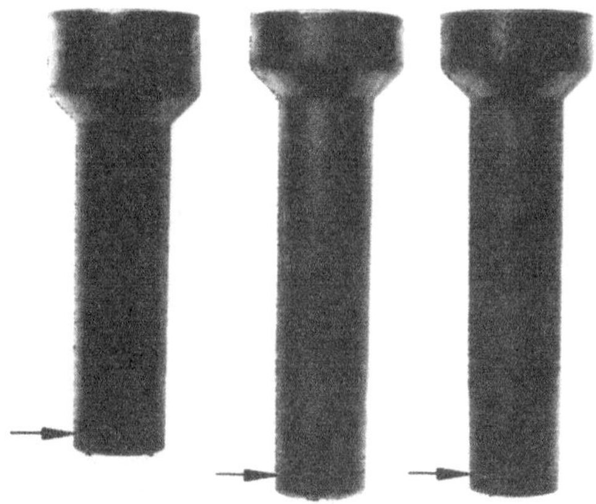

Rohteiltemperatur:

600°C 700°C 800°C

Bild 43: Werkstoffversagen beim Voll-Vorwärts-Fließpressen (9 SMn 28); $\varphi = 0{,}9$.

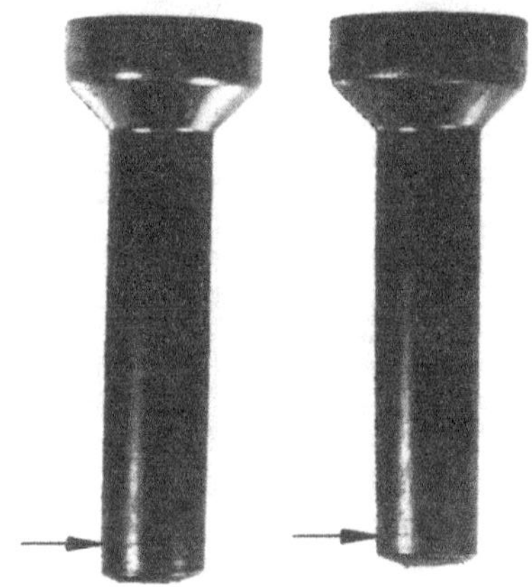

Rohteiltemperatur:

700°C 800°C

Bild 44: Werkstoffversagen beim Voll-Vorwärts-Fließpressen (9 SMn 28); $\varphi = 1{,}2$.

Die gemessenen maximalen Stempelkräfte F_{Stmax} in Abhängigkeit von der Rohteiltemperatur T_R beim Napf-Rückwärts-Fließpressen für die beiden Automatenstähle 9 SMn 28 und 10 S 20 sind in Bild 45 dargestellt.

Die Stempelkraft für den Automatenweichstahl 9 SMn 28 liegt bei Raumtemperatur um ca. 20% über dem Wert von 10 S 20 (auch beim VVFP mit vergleichbarer relativer Querschnittsänderung ergaben sich um knapp 20% erhöhte Werte für Raumtemperaturversuche). Im Halbwarmumformbereich zwischen 600°C und 800°C wurden nur geringe Differenzen der Stempelkräfte der beiden Automatenstähle gemessen.

Der Vergleich der Stempelkräfte für das NRFP mit denen des VVFP bei ähnlichen relativen Querschnittsänderungen und Rohteiltemperaturen zeigt um im Mittel 30% höhere Kräfte für das NRFP.

Die Belastung des Stempels (dieser ist das am meisten belastete Werkzeugteil beim NRFP) ist durch die bezogene maximale Stempelkraft $\bar{p}_{Stmax}$ in Bild 46 gegeben.

Diese bezogene Stempelkraft ist der Quotient aus maximaler Stempelkraft F_{Stmax} und Stempelquerschnittsfläche A_{St}.

Mit ca. 2 300 kN/mm² für eine relative Querschnittsänderung $\varepsilon_A = 0{,}6$, umgeformt bei Raumtemperatur, liegen die Werte für 9 SMn 28 an der oberen Grenze der Werkzeugbelastbarkeit. Mit zunehmender Rohteiltemperatur ergibt sich eine starke Verminderung der bezogenen Stempelkräfte.

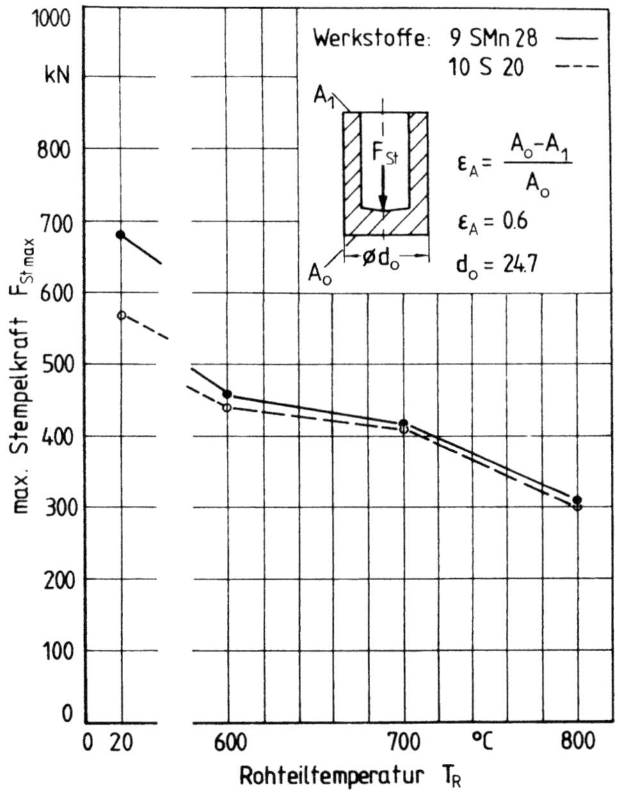

Bild 45: Max. Stempelkräfte beim Napf-Rückwärts-Fließpressen für 9 SMn 28 und 10 S 20.

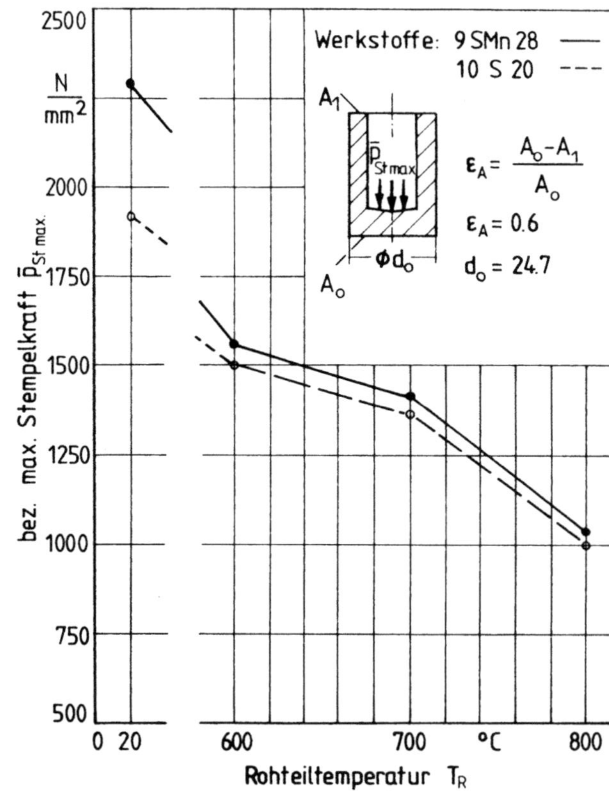

Bild 46: Bezogene max. Stempelkräfte beim Napf-Rückwärts-Fließpressen.

5 Werkstoffeigenschaften nach der Umformung

Zur Untersuchung der mechanischen Eigenschaften wurden die Proben (Bild 47) aus den Schäften der kalt und halbwarm umgeformten Werkstücke entnommen (Zugproben, Stauchproben, Kerbschlagproben) und die Festigkeits- und Zähigkeitskennwerte, die Fließkurven und die Kerbschlagarbeit ermittelt.

5.1 Festigkeits- und Zähigkeitskennwerte

5.1.1 Versuchseinrichtungen, Versuchsdurchführung

Im Zugversuch an kurzen Proportionalstäben B 6x30 nach DIN 50125 (Bild 47), die aus dem Schaft der halbwarmfließgepreßten Werkstücke entnommen sind, wurden ermittelt:

- die Zugfestigkeit R_m
- die 0,2 %-Dehngrenze $R_{p0.2}$
- die Gleichmaßdehnung A_g
- die Bruchdehnung A_5
- die Brucheinschnürung Z.

Die Versuche wurden mit einer Universalprüfmaschine (Fabrikat Roell und Korthaus, Modell Locap Electromatic) bei einer konstanten Traversengeschwindigkeit von 2mm/min durchgeführt.

5.1.2 Ergebnisse

In den Bildern 48 bis 51 sind die durch das Halbwarmfließpressen bedingten Veränderungen der Festigkeits- und Zähigkeitskennwerte in Abhängigkeit von der Rohteiltemperatur mit dem Umformgrad φ als Parameter dargestellt. Bei allen untersuchten Werkstoffe zeigt sich, daß Bruch- und Gleichmaßdehnung mit zunehmender Rohteiltemperatur ansteigen. Die Brucheinschnürung erreicht bei 700°C ihren Höchstwert und fällt danach für C 15 leicht, für die Automatenstähle stärker ab. Dies kann durch die Rotbruchneigung der schwefelhaltigen Stähle bedingt sein: der Schwefel legt sich an die Korngrenze in Form von Eisensulfid FeS an, und der Werkstoff wird brüchig.

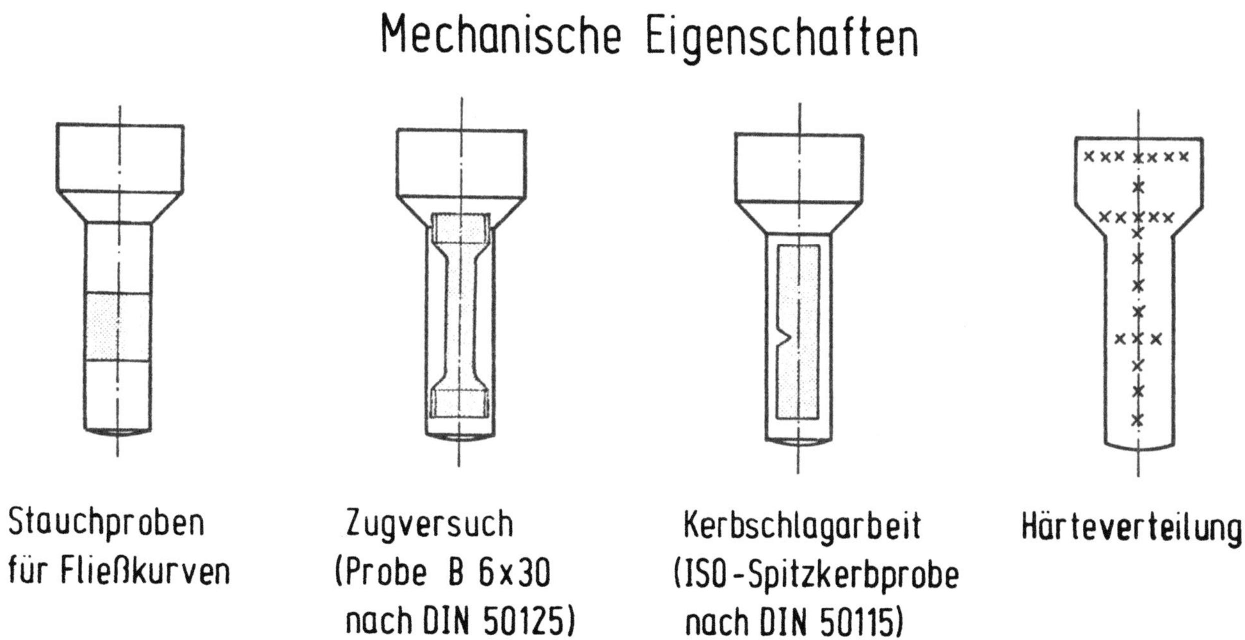

Eild 47: Probenentnahme aus den Schäften der Fließpreßteile.

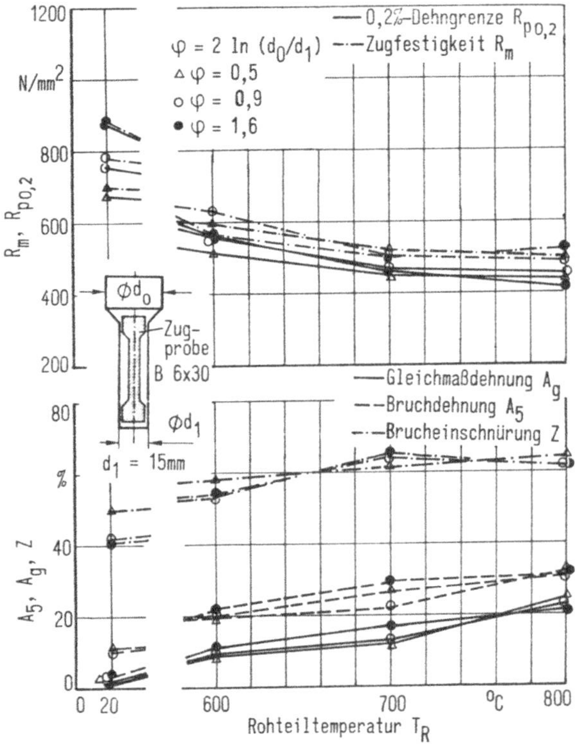

Bild 48: Festigkeits- und Zähigkeitskennwerte fließgepreßter Werkstücke (C 15).

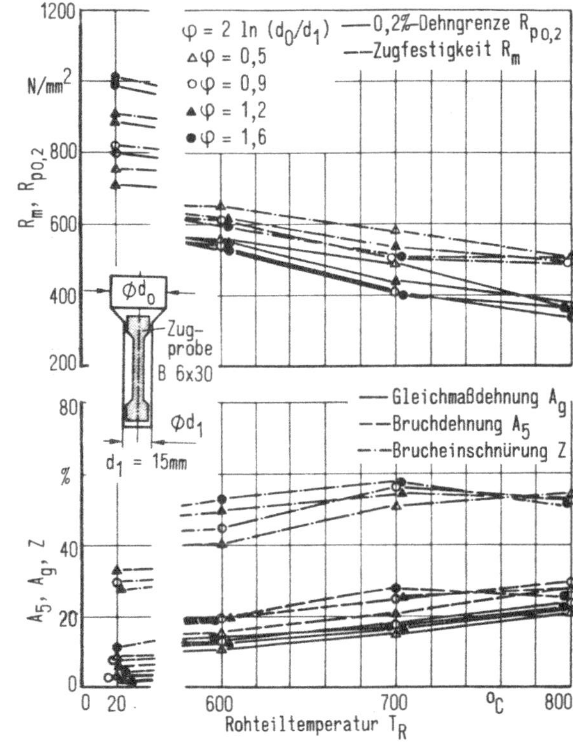

Bild 49: Festigkeits- und Zähigkeitskennwerte fließgepreßter Werkstücke (9 SMn 28).

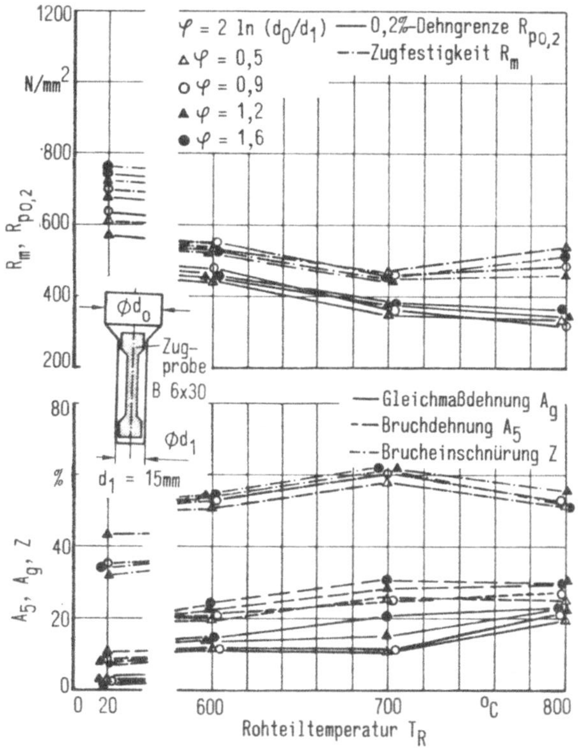

Bild 50: Festigkeits- und Zähigkeitskennwerte fließgepreßter Werkstücke (10 S 20).

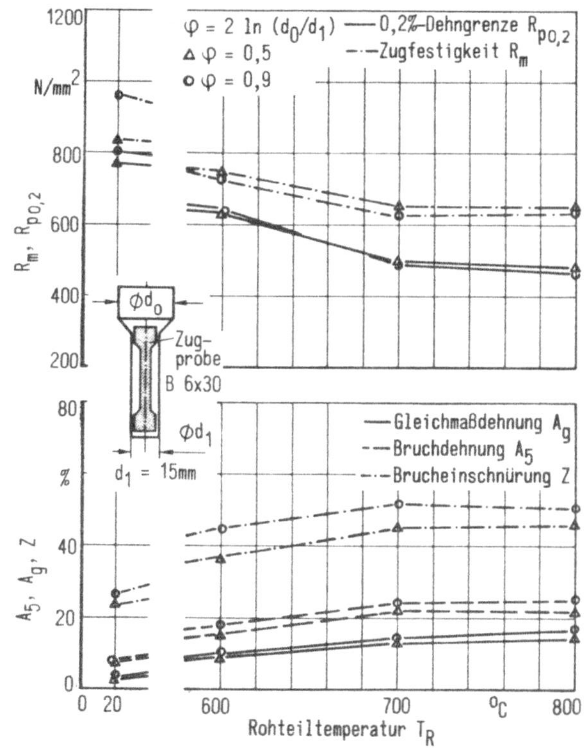

Bild 51: Festigkeits- und Zähigkeitskennwerte fließgepreßter Werkstücke (35 S 20).

Die Festigkeitswerte (R_m, $R_{p0.2}$) in Abhängigkeit von der Rohteiltemperatur haben umgekehrte Tendenz wie die Zähigkeitskennwerte: mit zunehmender Temperatur nimmt die 0.2 %-Dehngrenze ab, ebenso bei C 15 die Zugfestigkeit. Bei den Automatenstählen erreicht diese bei 700°C ein Minimum und steigt dann leicht wieder an.

Der Einfluß des Umformgrades auf die Kennwerte aus dem Zugversuch im Halbwarmumformtemperaturbereich ist gering.

5.2 Fließkurven

Um Grundlagen für eine gegebenenfalls nachfolgende Kaltumformung zu erhalten, wurden Fließkurven der umgeformten Werkstücke aufgenommen.

5.2.1 Versuchseinrichtungen, Versuchsdurchführung

Der Durchmesser der Stauchprobe entsprach mit d_1 = 15 mm dem Schaftdurchmesser der fließgepreßten Werkstücke. Die Ausgangshöhe der Stauchprobe war h_o = 22,5 mm; damit wurde ein günstiges Höhen - Durchmesserverhältnis h_o/d_1 = 1,5 erreicht. Die Proben wurden auf die Hälfte der Ausgangshöhe - das entspricht einem Umformgrad φ = 0,7 - gestaucht.

Die Versuchsdurchführung geschah auf einer hydraulisch angetriebenen Universalprüfmaschine (Fabrikat Losenhausen) mit einer Nennkraft F_N = 1.000 kN bei Raumtemperatur. Die zur Aufnahme der Fließkurven dienenden Weg- und Kraftmeßkörper waren mit einem Rechner und einem x-y-Schreiber gekoppelt, der während des Stauchvorganges die Fließspannung über dem Umformgrad auftrug.

5.2.2 Ergebnisse

Die Bilder 52 bis 55 zeigen die Fließkurven der vier untersuchten Rohteiltemperaturen (T_R = 20°C, 600°C, 700°C

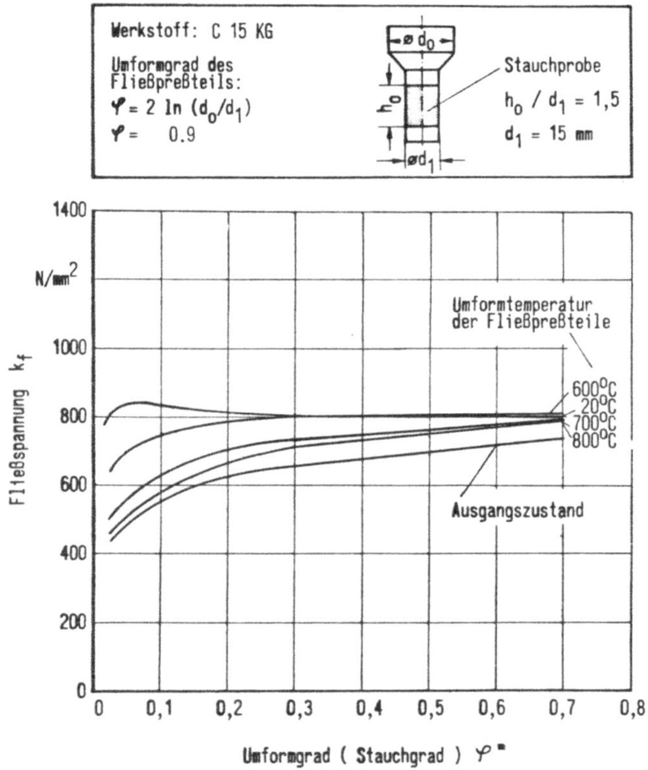

Bild 52: Fließkurven des umgeformten Werkstoffs C 15.

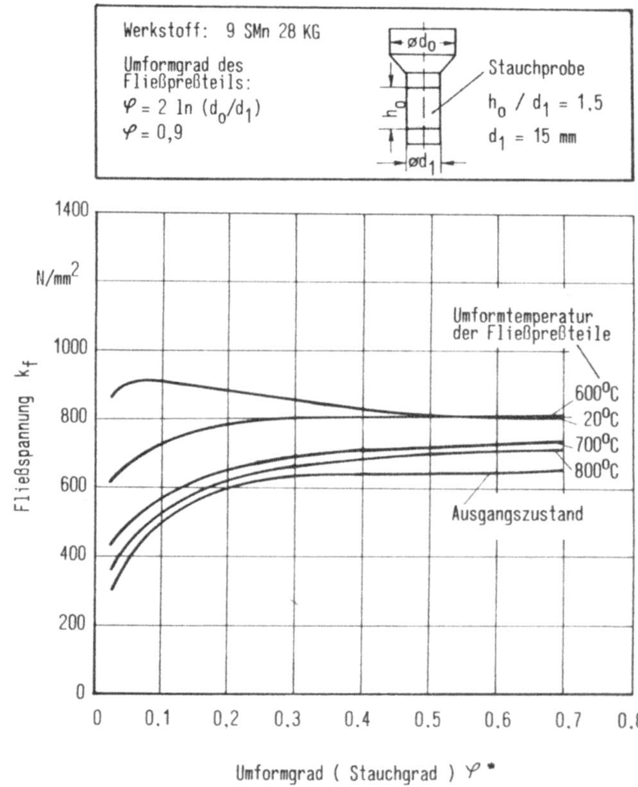

Bild 53: Fließkurven des umgeformten Werkstoffs 9 SMn 28.

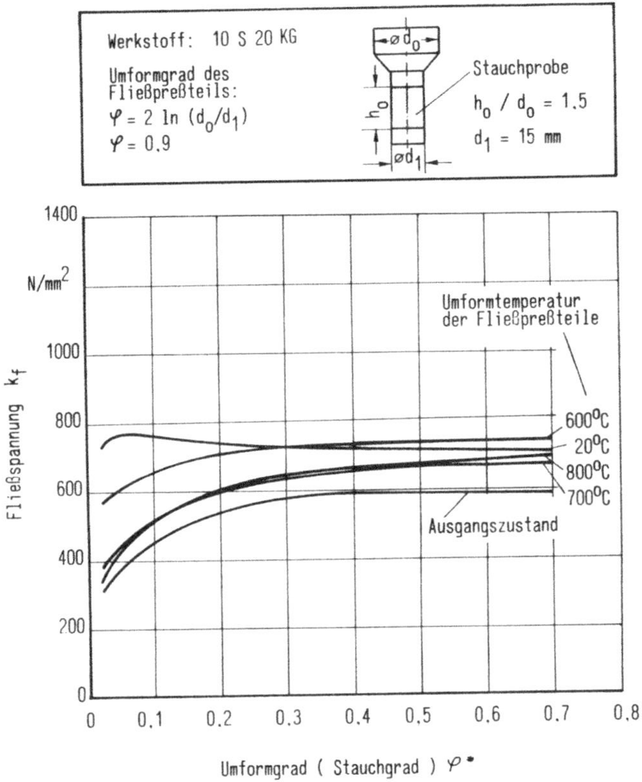

Bild 54: Fließkurven des umgeformten Werkstoffs 10 S 20.

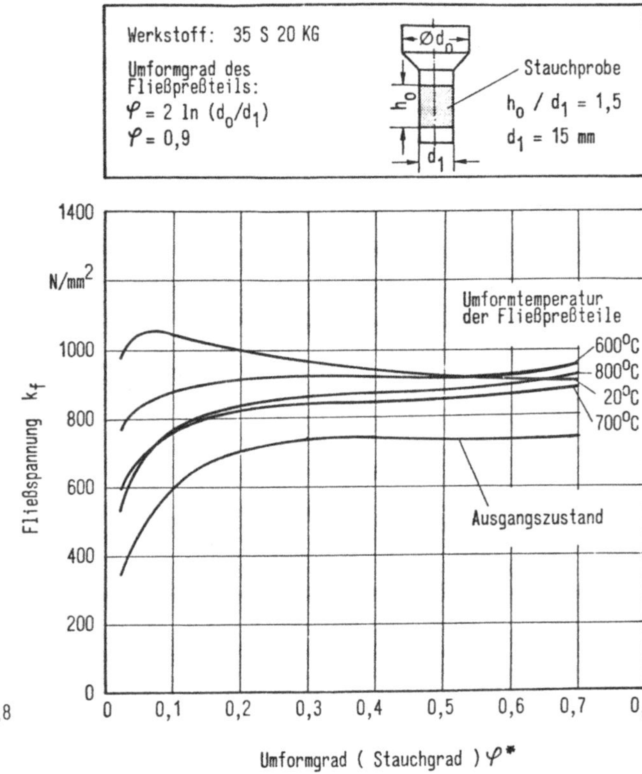

Bild 55: Fließkurven des umgeformten Werkstoffs 35 S 20.

800°C) der Fließpreßteile in Abhängigkeit vom Umformgrad (Stauchgrad) φ^* . Außerdem ist die Fließkurve des Ausgangszustandes aufgetragen. Der Umformgrad der hier ausgewerteten Fließpreßteile beträgt φ = 0,9.

Die Fließkurven der bei Raumtemperatur umgeformten Werkstücke ergeben für alle Werkstoffe eine Fließspannungszunahme bis $\varphi^* \approx 0,1$, danach stellt sich eine leicht fallende Tendenz ein.

Ähnliche Ergebnisse erhielt E.G. Thomsen [53] in Stauchversuchen für gezogenes ETPC-Kupfer (tough-pitch copper): Die Fließkurven weisen zunächst keine positive Steigung, also Verfestigung der Werkstoffe auf, sondern die Steigung wird - je nach Ausgangszustand - zu Null oder negativ.

Binder [59] untersuchte in seiner Arbeit über das Verjüngen von zylindrischen Vollkörpern ebenfalls vorverfestigte Werkstoffe. Er erhielt für QSt 32-3, 16 MnCr 5 und Ck 45 mit den hier ermittelten Ergebnissen vergleichbare Fließkurven. Erklärt wird dieses Verhalten mit dem Wechsel der Formänderungs- und Belastungsrichtung. Ursache sei der Bauschinger-Effekt, der durch die plastische Formänderung beim Verjüngen zu Eigenspannungen führe.

Die Fließspannungen, ermittelt an halbwarm fließgepreßten Werkstücken, steigen nach einer stärkeren Zunahme bis $\varphi^* \approx 0,3$ (Umformgrad aller Werkstoffe φ = 0,9) nur noch leicht weiter an. Mit zunehmender Umformtemperatur sinkt die Anfangsfließspannung. Bei den für eine Wärmebehandlung vorgesehenen Automatenstählen 10 S 20 und 35 S 20 liegt die Fließspannung der bei 800°C umgeformten Fließpreßteile über den Werten, die für eine Umformtemperatur von 700°C erhalten wurden (Bilder 56 bis 59).

Der Einfluß des Umformgrads (φ = 0,5; 0,9; 1,2; 1,6) für die untersuchten Werkstoffe ist in den Bildern 56 bis 59 zu erkennen. Alle bei Raumtemperatur fließgepreßten Werkstücke zeigen eine abnehmende Fließspannung, bei höheren Umformtemperaturen dagegen bleibt die Fließspannung nach anfänglichem Ansteigen in etwa konstant.

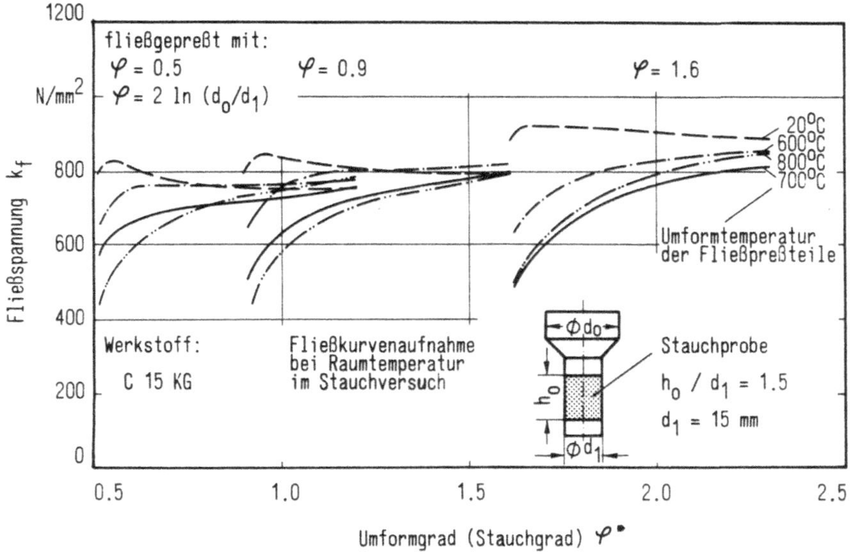

Bild 56: Fließkurven des umgeformten Werkstoffs (für φ = 0,5 - 1,6); C 15.

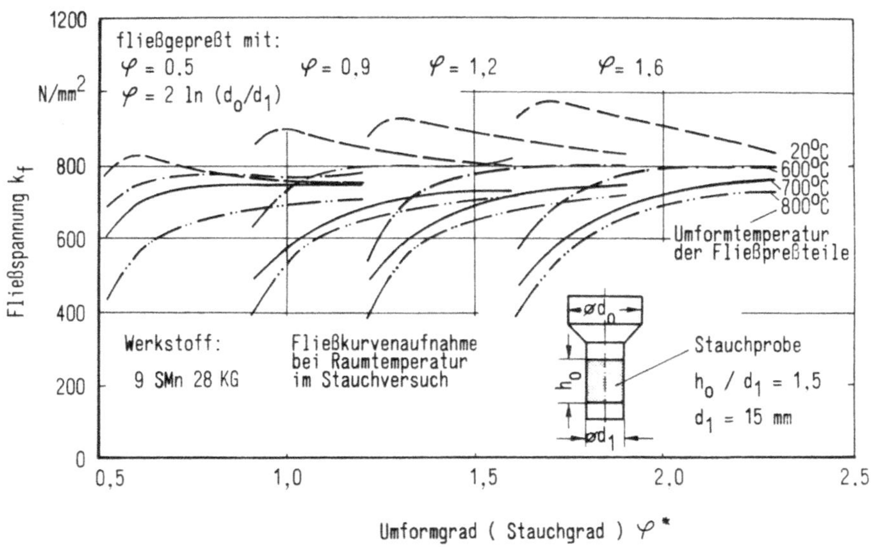

Bild 57: Fließkurven des umgeformten Werkstoffs (für φ = 0,5 - 1,6); 9 SMn 28.

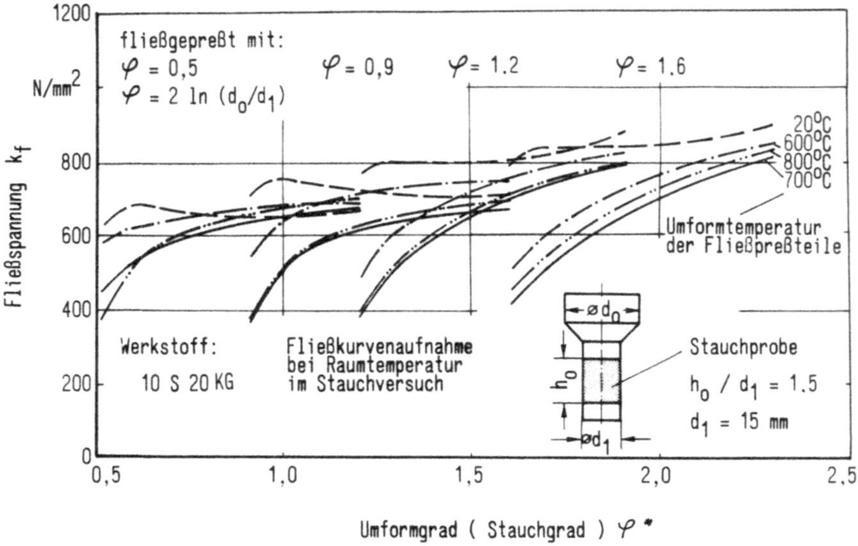

Bild 58: Fließkurven des umgeformten Werkstoffs (für φ = 0,5 - 1,6); 10 S 20.

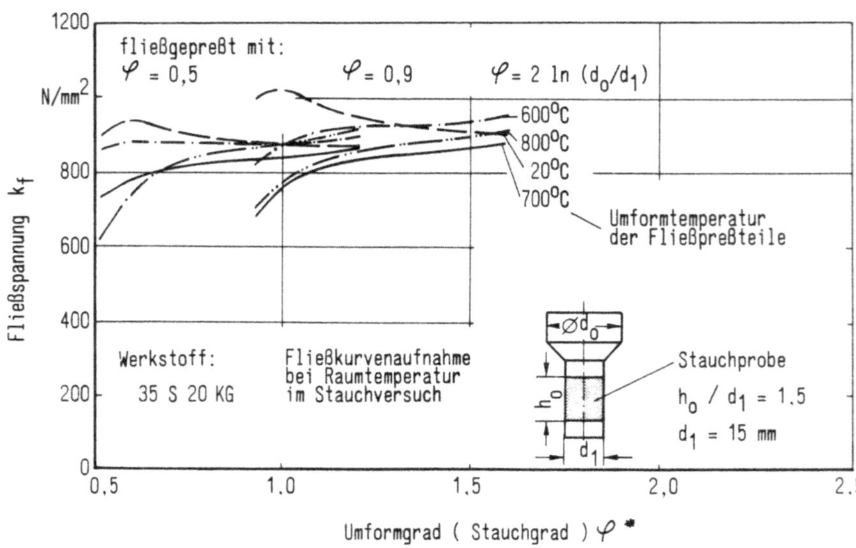

Bild 59: Fließkurven des umgeformten Werkstoffs (für φ = 0,5 - 0,9); 35 S 20.

Der Umformgrad durch das Fließpressen hat einen vergleichsweise geringen Einfluß auf die Fließkurven.

5.3 Kerbschlagarbeit

5.3.1 Versuchseinrichtungen, Versuchsdurchführung

Die Ermittlung der Kerbschlagarbeit A_v erfolgte mit ISO-Spitzkerbproben nach DIN 50115, die dem Schaft der voll-vorwärtsfließgepreßten Werkstücke (s.Bild 47) entnommen waren.
Für jeden Meßpunkt wurden mindestens 3 Proben verwendet.

5.3.2 Ergebnisse

Die Bilder 60 bis 63 zeigen die Veränderung von A_v in Abhängigkeit von Rohteiltemperatur und Umformgrad. In den Diagrammen ist die Spannweite (Differenz der Meßwerte) angegeben.

Die Tendenz, daß mit zunehmender Temperatur die Kerbschlagarbeit ansteigt, ist bei allen Werkstoffen und bei einem Umformgrad von $\varphi = 0,5$ gleich. Bei größeren Umformgraden werden deutlich höhere Kerbschlagarbeiten ermittelt. Dies kann damit erklärt werden, daß es mit zunehmendem Umformgrad zu erhöhter Kornstreckung kommt und die faserige Struktur des umgeformten Gefüges, auf die die hohe Kerbschlagarbeit zurückzuführen ist, ausgeprägter wird.

Abhängig von der Rohteiltemperatur zeigen die Werte für die Kerbschlagarbeit eine ähnliche Tendenz wie die aus dem Zugversuch ermittelten Zähigkeitswerte : Um 700°C erreicht die Kerbschlagarbeit für den Umformgrad $\varphi \geq 0,9$, einen Höchstwert, um dann leicht abzufallen.

5.4 Härteverteilung

5.4.1 Versuchseinrichtungen, Versuchsdurchführung

Die Untersuchung der Härteverteilung nach Brinell (DIN 50351)

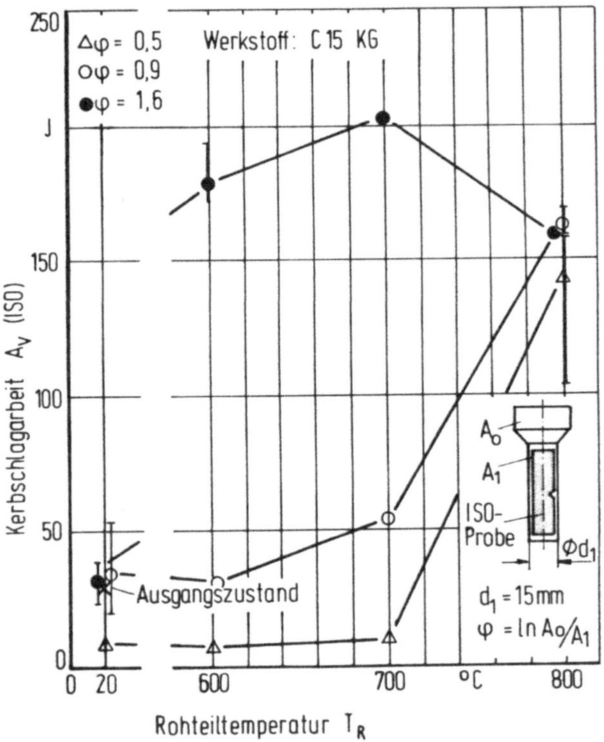

Bild 60: Kerbschlagarbeit fließgepreßter Werkstücke (C 15).

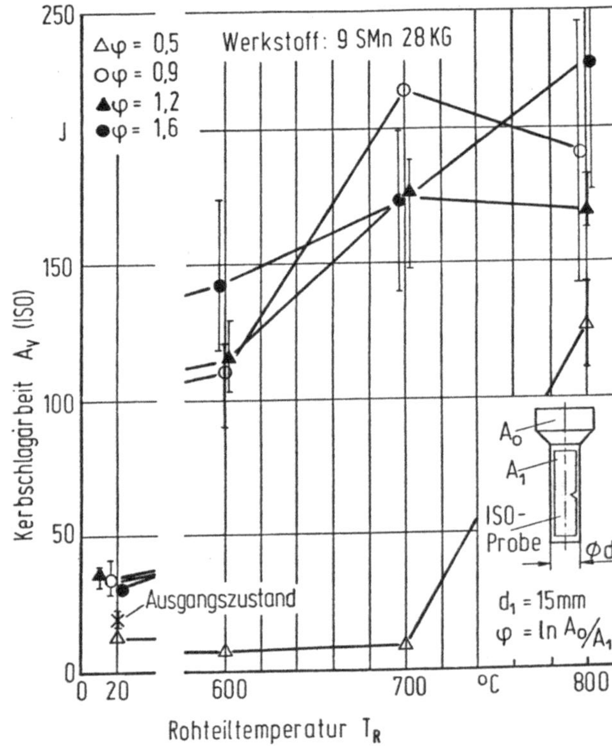

Bild 61: Kerbschlagarbeit fließgepreßter Werkstücke (9 SMn 28).

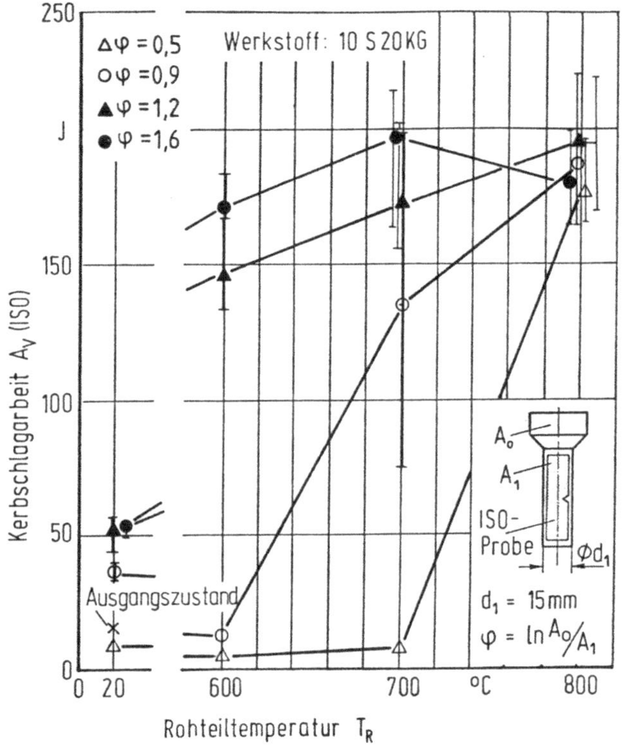

Bild 62: Kerbschlagarbeit fließgepreßter Werkstücke (10 S 20).

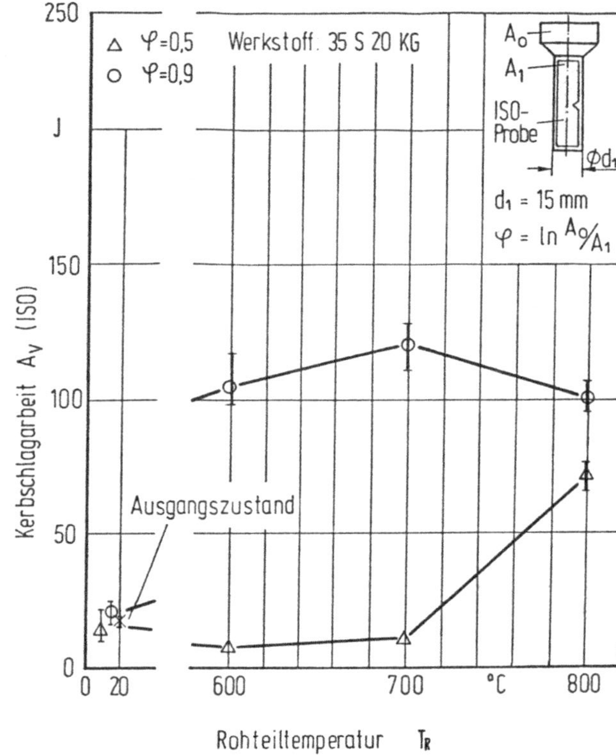

Bild 63: Kerbschlagarbeit fließgepreßter Werkstücke (35 S 20).

erfolgte an den vollvorwärtsfließgepreßten Proben. Dazu wurden diese entlang der Längsschnittebene geteilt und die Längsachse enthaltende Ebene geschliffen und poliert. Die andere Seite, die Auflagefläche, ist parallel zur Meßebene bearbeitet. Die Restdicke der Proben beträgt 5 mm.

Die Meßwertaufnahme geschah mit einer Kugel von 2,5 mm Durchmesser und einer Prüflast von 1840 N (HB 2,5/187,5) auf einem Härteprüfgerät (Fabrikat Wolpert, Typ: Dia Testor 2 Rc).

Der Abstand der Meßpunkte längs der Hauptachse z beträgt 5 mm, die Meßpunkte senkrecht dazu, im Kopf-, Schulter- und Schaftbereich liegen 2,5 mm auseinander.

5.4.2 Ergebnisse

Die Härteverteilung der bei den verschiedenen Rohteiltemperaturen von 20°C, 600°C, 700°C und 800°C mit $\varphi = 0,9$ umgeformten Werkstücke aus C 15, 9 SMn 28, 10 S 20 und 35 S 20 ist in den Bilder 64 bis 67 dargestellt. Dabei zeigen sich bei allen Werkstoffen ähnliche Tendenzen. Mit zunehmender Rohteiltemperatur nimmt die Härte ab. Eine Ausnahme bildet hier der Automateneinsatzstahl 10 S 20, denn die Härtemessungen für T_R = 700°C und 800°C ergaben in etwa gleiche Werte.

Geringste Härte wurde im Kopfbereich gemessen; im Schulterbereich steigt sie anschließend - wegen zunehmender Formänderung - an und erreicht schließlich mit Beginn des Schaftbereichs einen Wert, der sich über die gesamte Probenlänge nur noch wenig ändert. Bedingt durch den instationären Bereich zu Beginn des Umformvorganges, traten zum Schaftende hin sowohl leichte Härtesteigerungen als auch -verminderungen auf.

Über dem Radius im Kopfbereich ist, bis auf den Werkstoff 35 S 20 bei einer Rohteiltemperatur T_R = 800°C, eine relativ gleichmäßige Härte festgestellt worden.

Die Härteverteilungen in der Schulter und im Schaft weisen in Probenmitte die geringsten Werte auf, zum Probenrand hin sind

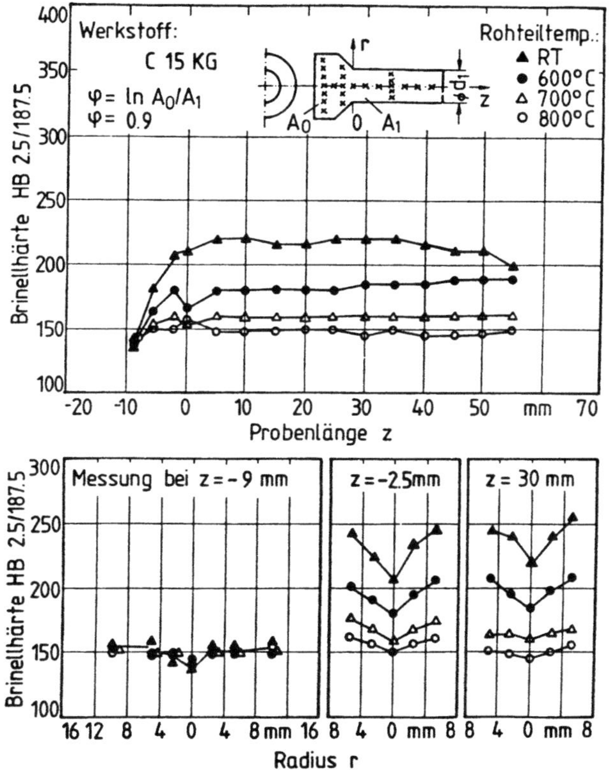

Bild 64: Härteverteilung in Abhängigkeit von der Rohteiltemperatur für C 15.

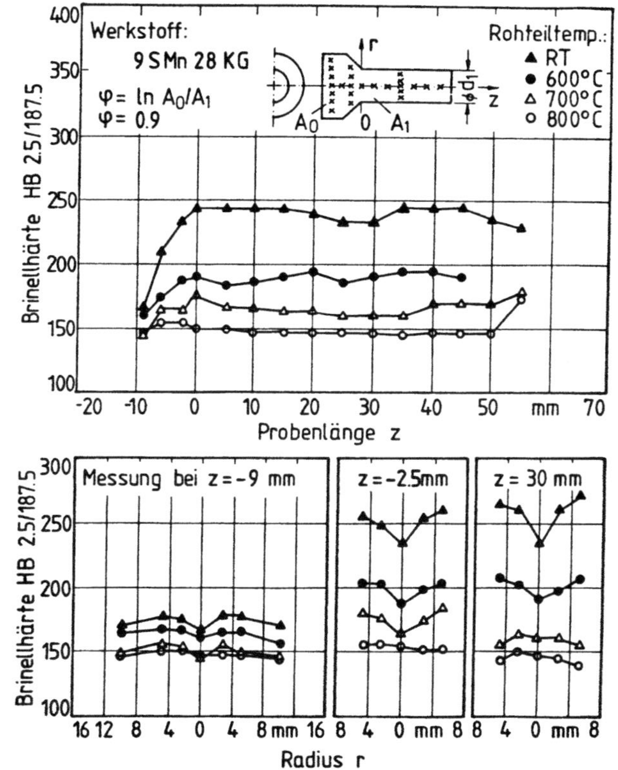

Bild 65: Härteverteilung in Abhängigkeit von der Rohteiltemperatur für 9 SMn 28.

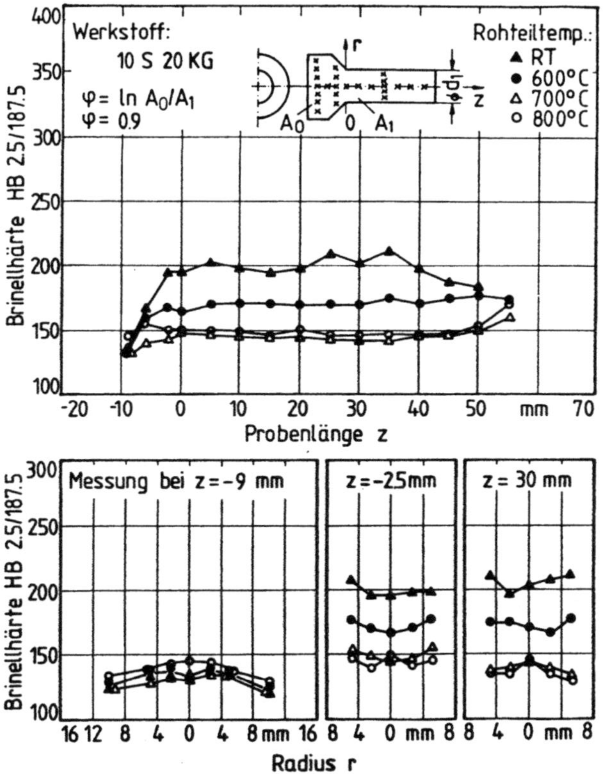

Bild 66: Härteverteilung in Abhängigkeit von der Rohteiltemperatur für 10 S 20.

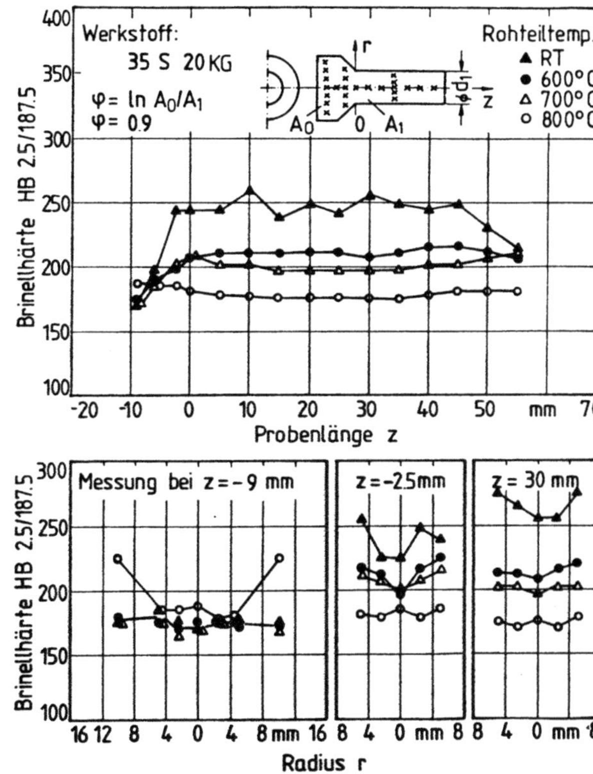

Bild 67: Härteverteilung in Abhängigkeit von der Rohteiltemperatur für 35 S 20.

sie i. a. etwas höher.

Den Einfluß des Umformgrades auf die Härteverteilung zeigen die Bilder 68 bis 71. Hier wurden die gemessenen Werte des Automatenweichstahles 9 SMn 28 für die Umformgrade $\varphi = 0{,}5$; 0,9; 1,2 und 1,6 aufgezeichnet. Deutlich zu beobachten ist bei der Umformung bei Raumtemperatur die starke Härtezunahme mit wachsendem Umformgrad, während für die Umformung im Halbwarmumformbereich kein Einfluß des Umformgrades auf die Härte festgestellt werden konnte.

5.5 Maßgenauigkeit der Schäfte

5.5.1 Versuchsdurchführung

An den Schäften der Werkstücke wurden mit einer Bügelmeßschraube an 7 Stellen die Durchmesser ermittelt.

5.5.2 Ergebnisse

Die Durchmesserabweichung, bezogen auf den Werkzeugdurchmesser über der Schaftlänge mit den Rohteiltemperaturen als Parameter ist in den Bildern 72 bis 75 eingetragen.

Die Schaftdurchmesser der Fließpreßteile weichen von den Abmessungen des Fließbundes leicht ab. Dies liegt zum einen an der elastischen Aufweitung des Werkzeuges unter Last und zum anderen, besonders bei Halbwarmumformtemperaturen, an der Werkstoffkontraktion beim Abkühlen nach der Umformung.

Die geringsten Abweichungen sind bei Rohteiltemperaturen von 20°C zu beobachten, hier liegen alle ermittelten Werte über denen der Werkzeugdurchmesser. Mit zunehmender Temperatur nimmt die Abweichung, bedingt durch die Schwindung der Werkstücke beim Abkühlen, zu. Diese Tendenz wird unterstützt durch die abnehmende Radialspannung des Werkzeuges.

Die größeren Durchmesser am Schaftende können durch den Anfahrbereich erklärt werden, die größeren Durchmesser am Kopfteil sind bedingt durch den Wärmeübergang ins relativ kältere

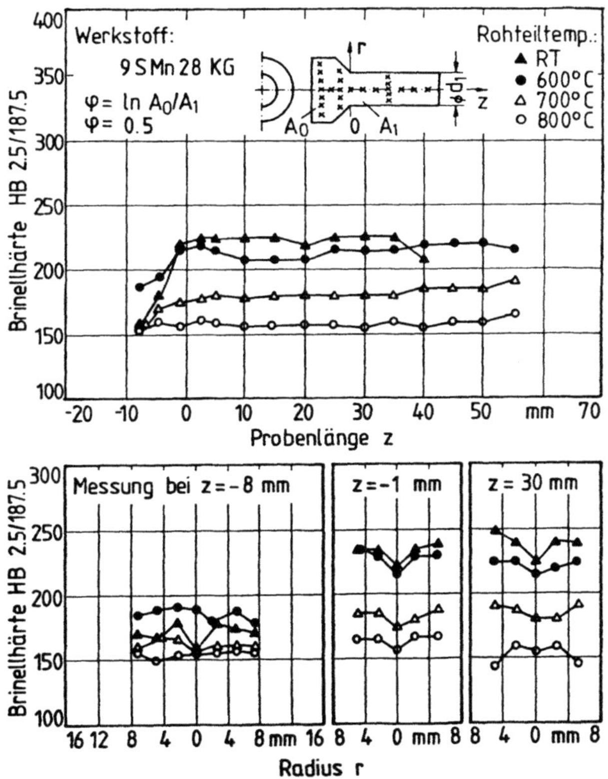

Bild 68: Härteverteilung in Abhängigkeit vom Umformgrad für 9 SMn 28 (φ = 0,5).

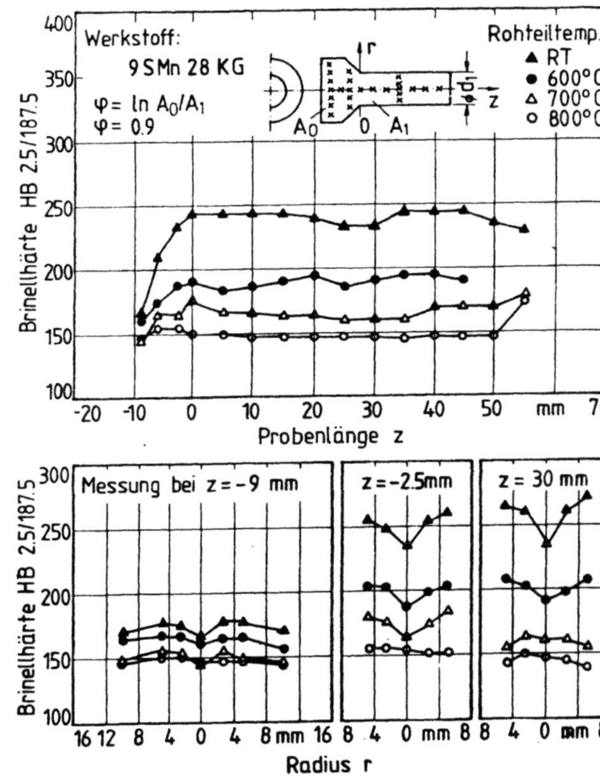

Bild 69: Härteverteilung in Abhängigkeit vom Umformgrad für 9 SMn 28 (φ = 0,9).

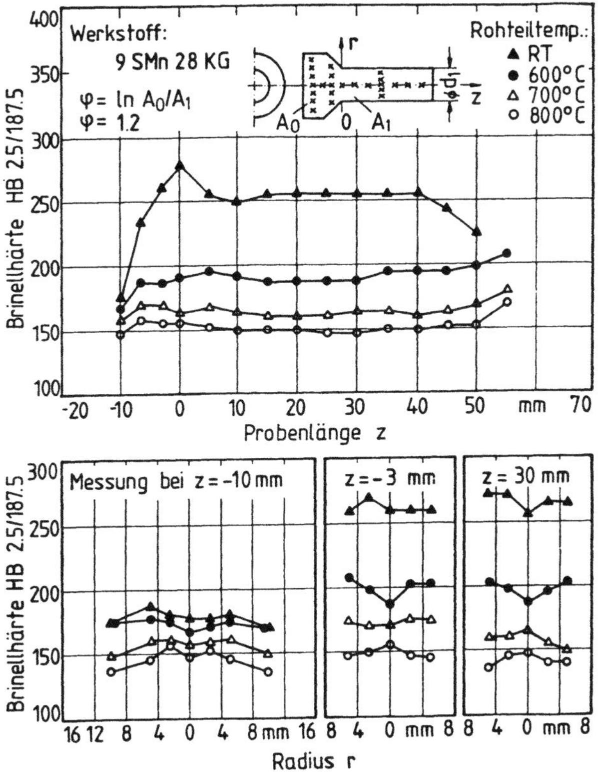

Bild 70: Härteverteilung in Abhängigkeit vom Umformgrad für 9 SMn 28 (φ = 1,2).

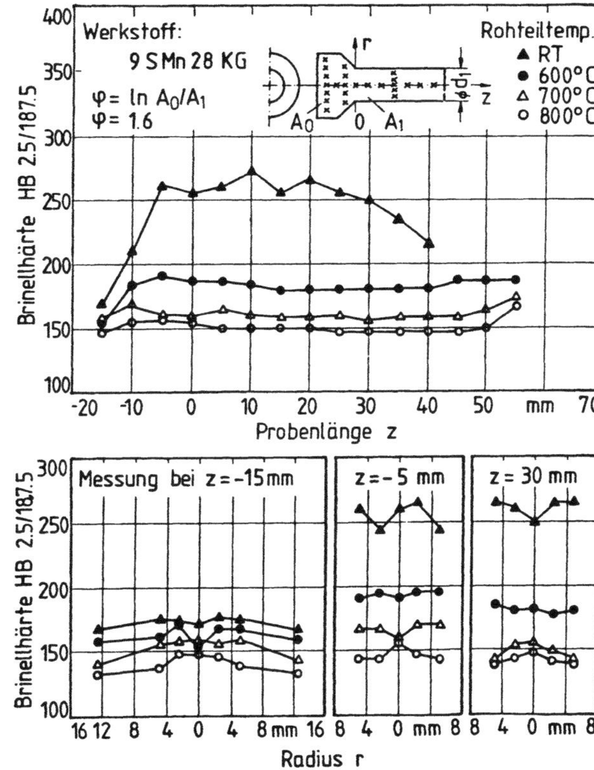

Bild 71: Härteverteilung in Abhängigkeit vom Umformgrad für 9 SMn 28 (φ = 1,6).

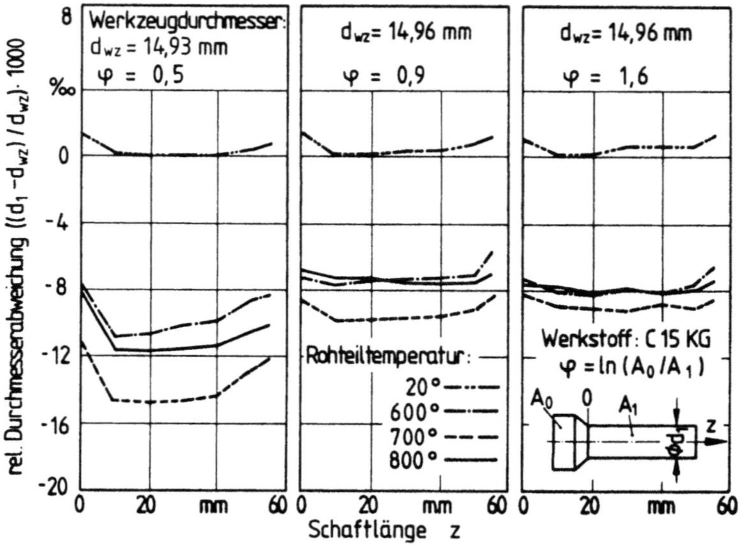

Bild 72: Maßgenauigkeit fließgepreßter Werkstücke (C 15).

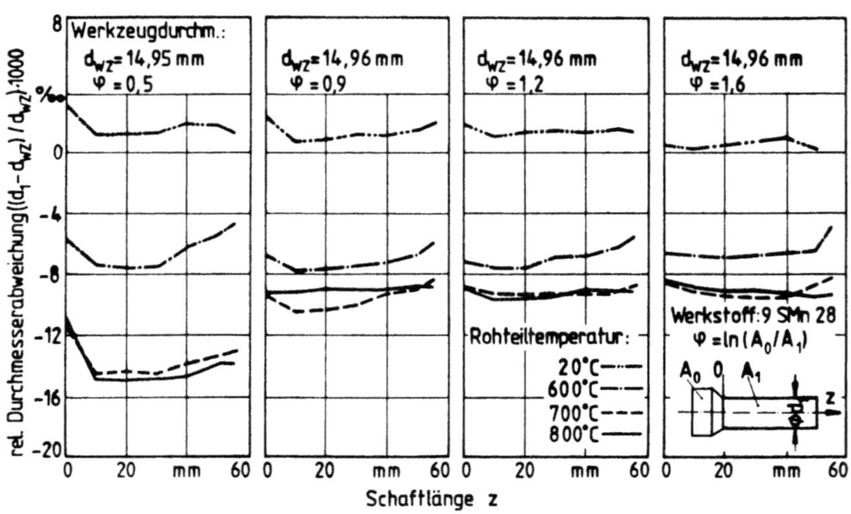

Bild 73: Maßgenauigkeit fließgepreßter Werkstücke (9 SMn 28).

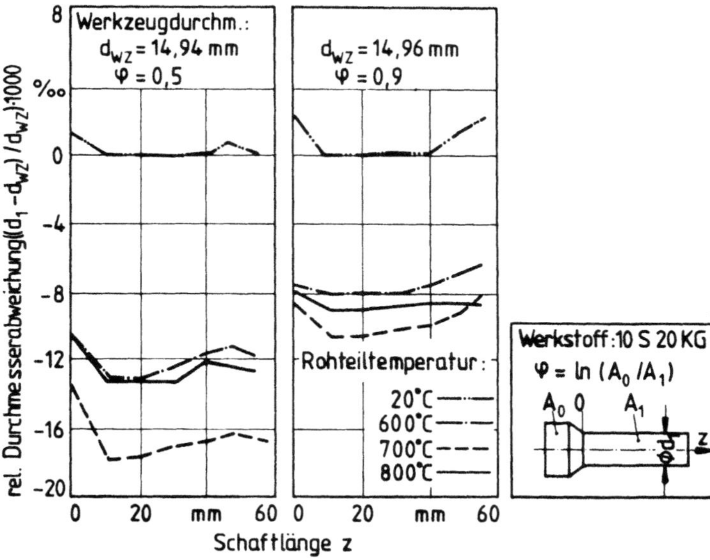

Bild 74: Maßgenauigkeit fließgepreßter Werkstücke (10 S 20).

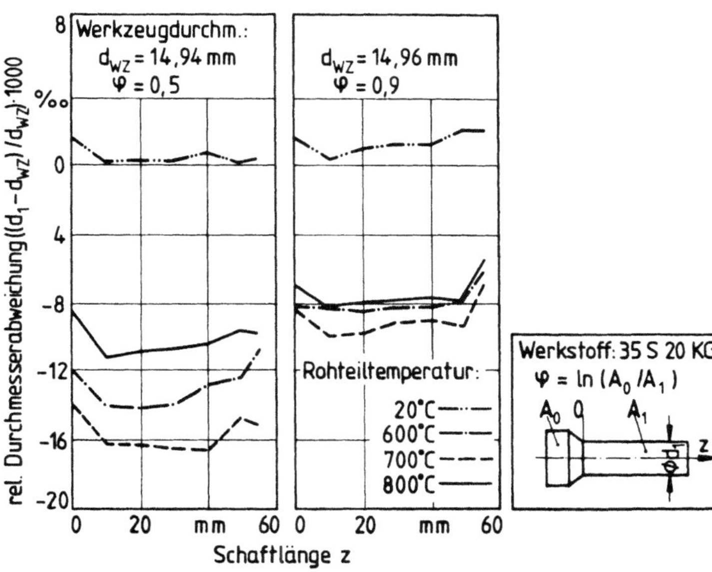

Bild 75: Maßgenauigkeit fließgepreßter Werkstücke (35 S 20).

Kopfteil und die längere Berührzeit mit dem Fließbund der Matrize im unteren Totpunkt.

Die Maßabweichung bei einer Rohteiltemperatur von 800°C ist teilweise geringer als die bei 700°C; dies kann auf die $\alpha - \gamma$ - Umwandlung (ca. 900°C bei Eisen) zurückgeführt werden. Diese bewirkt eine sprunghafte Volumenänderung, die beim Abkühlen auf Raumtemperatur eine Zunahme des Schaftdurchmessers bewirkt.

5.6 Einfluß des Schulteröffnungswinkels

5.6.1 Versuchsdurchführung

Der Schulteröffnungswinkel wurde beim Voll-Vorwärts-Fließpressen zwischen $60° \leq 2\alpha \leq 120°$ variiert. Der Umformgrad betrug $\varphi = 1{,}2$ und die Rohteiltemperaturen waren $T_R = 20°C$ und 700°C.

5.6.2 Festigkeits- und Zähigkeitskennwerte

In Bild 76 sind die Zugfestigkeit R_m und die Zähigkeitskennwerte in Abhängigkeit vom Schulteröffnungswinkel dargestellt. Für beide untersuchte Werkstoffe C 15 und 9 SMn 28 wurde kein tendenzieller Einfluß des Schulteröffnungswinkels auf die Zugfestigkeit festgestellt. Ebenso war kein Einluß auf die Zähigkeitskennwerte bei Raumtemperaturumformung zu erkennen. Im Halbwarmumformbereich stiegen Bruchdehnung und -einschnürung für beide Werkstoffe geringfügig mit zunehmendem Schulteröffnungswinkel.

5.6.3 Härteverteilung

Der Einfluß des Schulteröffnungswinkels auf die Härteverteilung ist in den Bildern 77 und 78 dargestellt. Weder die Messungen der bei Raumtemperatur, noch der bei 700°C umgeformten Werkstücke zeigen erkennbar eine Abhängigkeit der Härteverteilung der umgeformten Werkstücke vom Öffnungswinkel.

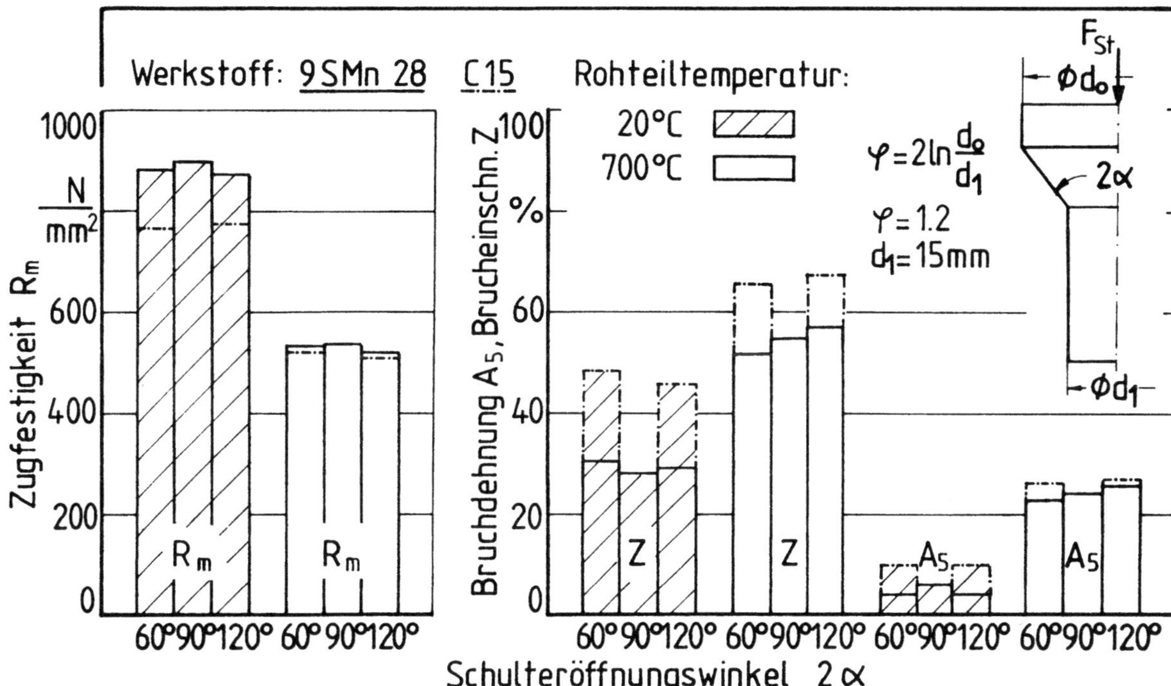

Bild 76: Einfluß des Schulteröffnungswinkels auf die Festigkeits- und Zähigkeitskennwerte.

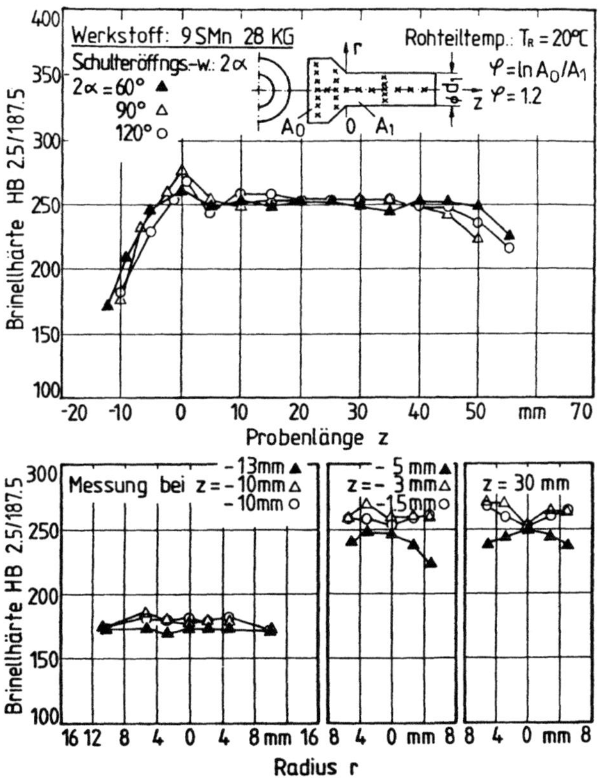

Bild 77: Einfluß des Schulteröffnungswinkels auf die Härteverteilung (Raumtemperatur).

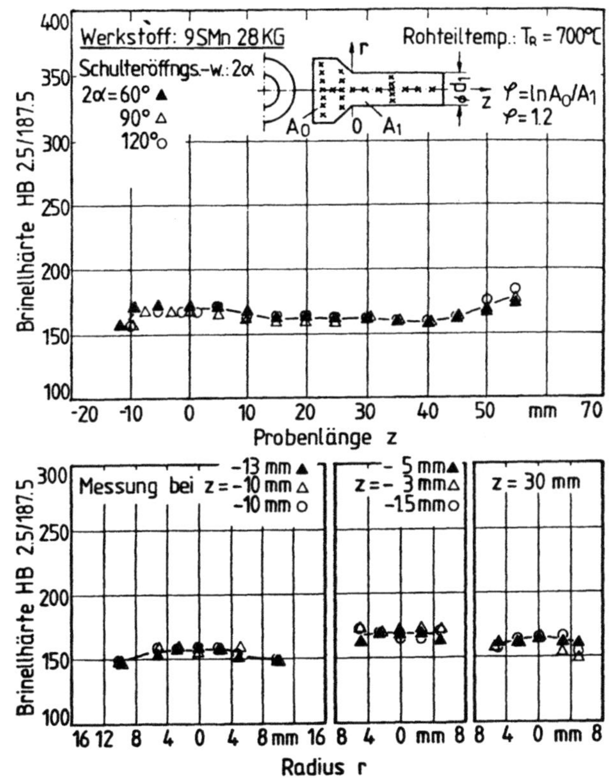

Bild 78: Einfluß des Schulteröffnungswinkels (Halbwarmumformbereich).

5.6.4 Gefüge

Bild 79 zeigt Gefügeaufnahmen aus dem Schulterbereich.

Beim Vergleich des Gefüges der Proben im Schaftbereich konnten keine auffälligen Gefügeunterschiede festgestellt werden. Die eingeschlossenen MnS-Partikel überstehen die, bei größtem Öffnungswinkel $2\alpha = 120°$ besonders in den Randzonen doch sehr starke zweimalige Umlenkung, ohne daß es zum sichtbaren Werkstoffversagen kommt.

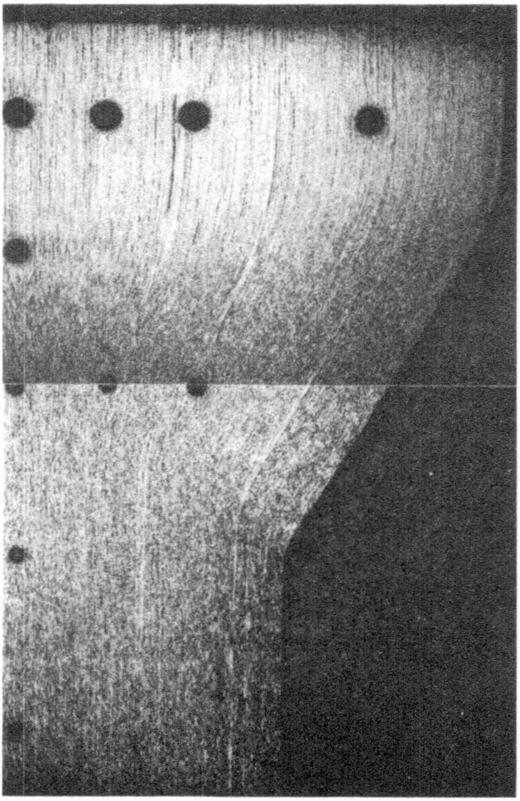

Schulteröffnungswinkel $2\alpha = 60^0$

Schulteröf

Werkstoff: 9 S Mn 28

Kaltfließgepreßt

Umformgrad $\varphi = 1{,}2$

5 mm

Bild 79: Einfluß des Schulteröffnungswinkels auf das Ge

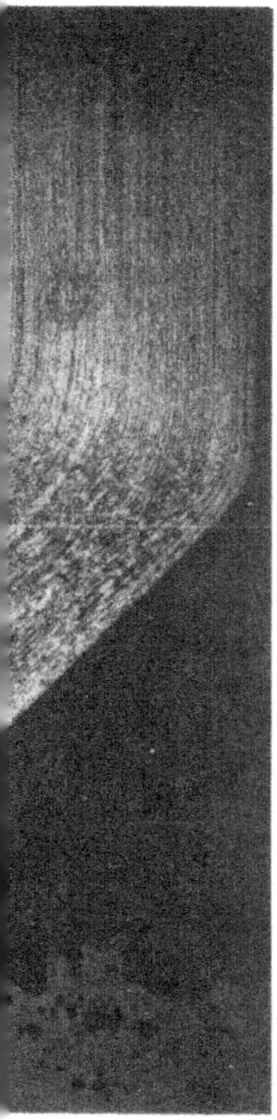

l 2α = 90°

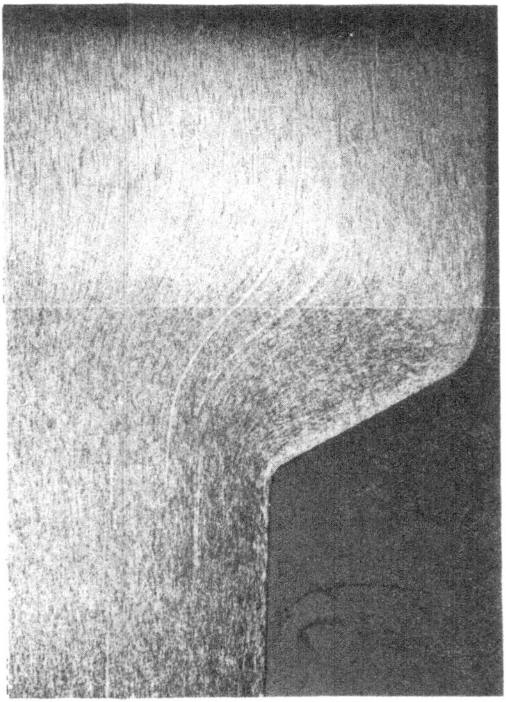

Schulteröffnungswinkel 2α = 120°

6 Vergleich der Eigenschaften vor und nach der Umformung

6.1 Festigkeits- und Zähigkeitskennwerte

Die Werkstoffeigenschaften der untersuchten Werkstoffe vor und nach dem Umformen durch Fließpressen sind in den Balkendiagrammen (Bilder 80 bis 83) aufgezeichnet. Die Werte gelten für den Umformgrad $\varphi = 0,9$.

Für die Zugfestigkeit zeigen sich nach dem Kaltfließpressen um ca. 80% gesteigerte Werte. Im Bereich der Halbwarmumformung liegen die Meßergebnisse nur noch um knapp 20% über den Ausgangswerten. Ähnliche Tendenzen sind auch für die 0,2% - Dehngrenze festzustellen. Die Werte nach dem Kaltfließpressen ergeben eine Steigerung um über 100%, während für den Temperaturbereich zwischen 600 und 800°C wesentlich geringere Dehngrenzenerhöhungen gemessen wurden.

Die Gleichmaßdehnung fällt nach dem Fließpressen bei Raumtemperatur sehr stark ab, nach dem Umformen bei 800°C werden ähnliche Werte wie im Ausgangszustand ermittelt; mit abnehmender Umformtemperatur nimmt auch die Gleichmaßdehnung ab. Das gleiche gilt für die Bruchdehnung.

Die Brucheinschnürung erreicht nach dem Kaltfließpressen ca. 50% der Werte des Ausgangszustandes, im Halbwarmumformtemperaturbereich werden nur geringe Veränderungen gegenüber dem Ausgangszustand festgestellt.

6.2 Kerbschlagarbeit

Die Kerbschlagarbeit erhöht sich nach dem Halbwarmfließpressen beträchtlich. Hier werden nach dem Umformen bei 700°C bzw. 800°C bis zu 4-fache Steigerungen der Werte, die nach dem Kaltfließpressen gemessen wurden, erreicht. (Es ist jedoch zu beachten, daß die Beanspruchungsrichtung in diesem Fall günstig war. Querproben konnten wegen zu geringem Schaftdurchmesser nicht entnommen werden.) Je nach Werkstoff werden für 700°C und für 800°C Rohteiltemperatur die höchsten Kerbschlagarbeitswerte ermittelt.

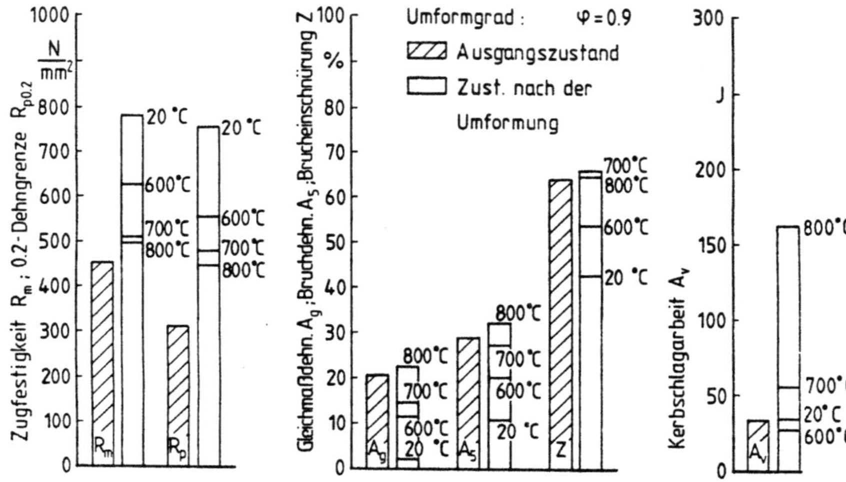

Bild 80: Änderung der Werkstoffeigenschaften durch Voll-Vorwärts-Fließpressen für φ = 0,9 (C 15).

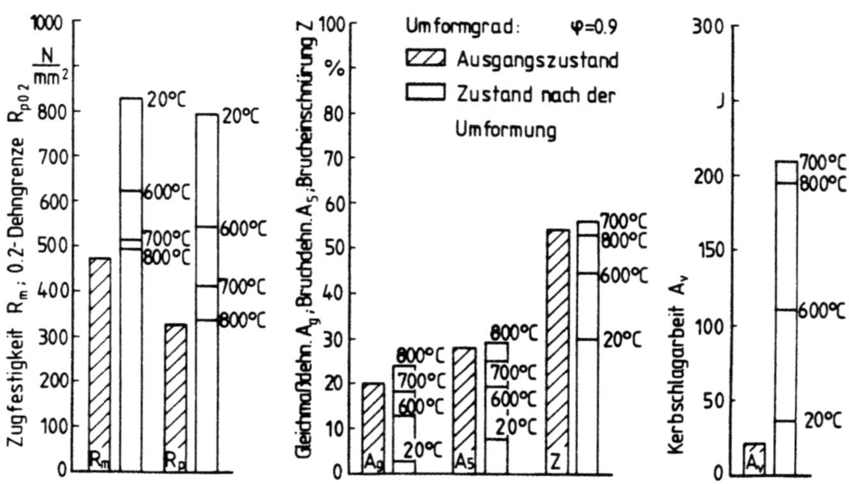

Bild 81: Änderung der Werkstoffeigenschaften durch Voll-Vorwärts-Fließpressen für φ = 0,9 (9 SMn 28).

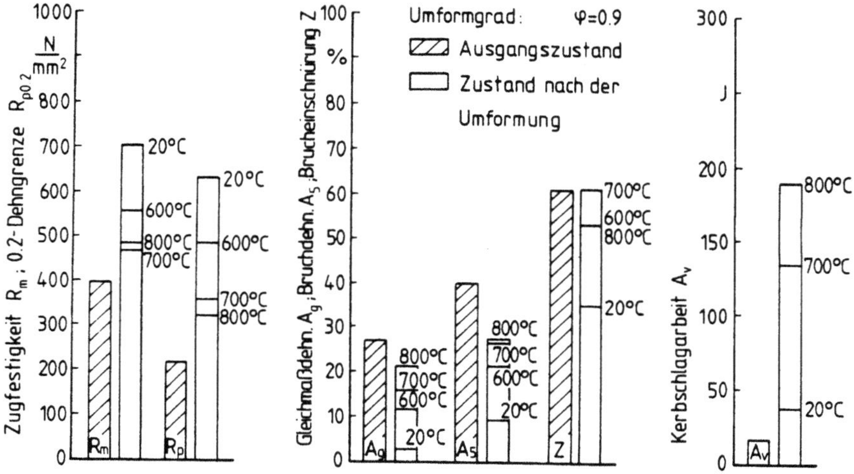

Bild 82: Änderung der Werkstoffeigenschaften durch Voll-Vorwärts-Fließpressen für φ = 0,9 (10 S 20).

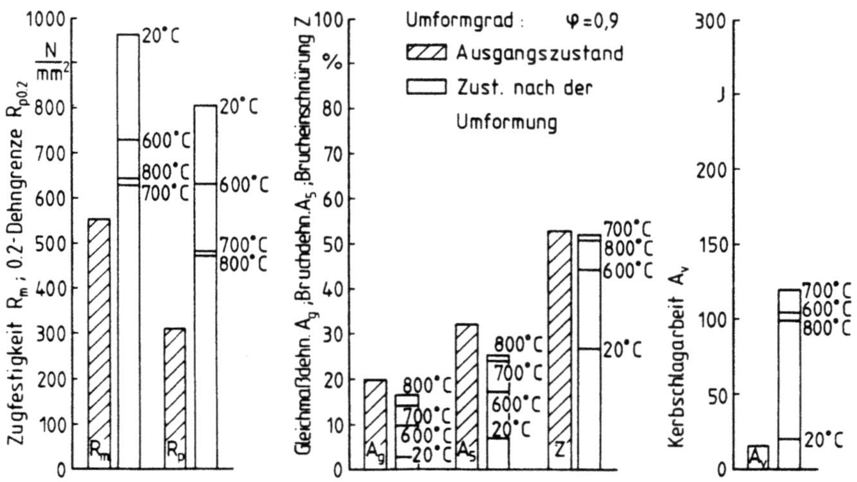

Bild 83: Änderung der Werkstoffeigenschaften durch Voll-Vorwärts-Fließpressen für φ = 0,9 (35 S 20).

Die Tabelle 2 gibt einen Überblick über die Veränderung der Zähigkeits- und Festigkeitskennwerte sowie der Kerbschlagarbeit im untersuchten Halbwarmtemperaturbereich, bezogen auf die Werkstoffkennwerte im Ausgangszustand. Die aufgeführten Kennzahlen bilden Mittelwerte der berücksichtigten Umformgrade $\varphi = 0{,}5$ bis $\varphi = 1{,}6$ bei den Temperaturgrenzen 600°C bzw. 800°C.

6.3 Oberflächenbeschaffenheit

Da die umgeformten Automatenstahlwerkstücke oft noch einer spanenden Bearbeitung zugeführt werden sollen, wird an dieser Stelle nur kurz auf die Veränderung der Oberfläche durch Umformung eingegangen.

Während die "frei" umgeformte Oberfläche eindeutig den bekannten Gesetzmäßigkeiten gehorcht [49] - die Endrauheit ist aus der Anfangsrauheit und dem Umformgrad vorhersehbar -, ist das für die "gebundene" Umformung - hierzu gehört das Fließpressen - nicht der Fall [50].

Beim Anwärmen von Stahl kommt es durch chemische Reaktion mit der umgebenden Atmosphäre zur Zunderbildung. Diese ist je nach Anwärmdauer ab ca. 600°C feststellbar [2,10]. Sie beeinflußt zusammen mit der bei ca. 800°C einsetzenden Randentkohlung die Oberflächenbeschaffenheit.

Zur Beschreibung der entstehenden Oberfläche wurden die maximale Einzel-Rauhtiefe R_{max} und die gemittelte Rauhtiefe R_{ZDIN} herangezogen. Dazu wurden die Schäfte der mit $\varphi = 0{,}9$ umgeformten Werkstücke mittels eines Oberflächenmeßgerätes (Fabrikat Hommel, Typ TKE 200) in Richtung der Längsachse in einem Abstand von 15 mm von der Schulter abgetastet. Die Taststrecke betrug 4,8 mm, die Tastgeschwindigkeit 0,5 mm/s und der Wellentrenner (Cut-Off) 0,8 mm.

Bild 84 zeigt die gemittelte Rauhtiefe R_{ZDIN} in Abhängigkeit von der Rohteiltemperatur T_R. Es ist kein direkter Zusammenhang zwischen Rauhtiefe und Umformtemperatur zu erkennen. Während die Werte für C 15 und 35 S 20 sich mit der Temperatur

Tabelle 2: Veränderung der Kennwerte durch Halbwarm-Fließpressen im Vergleich zum Ausgangszustand.

Kennwert:	A_{gT}/A_{gAZ}	A_{5T}/A_{5AZ}	Z_T/Z_{AZ}	$R_{p0.2T}/R_{p0.2AZ}$	R_{mT}/R_{mAZ}	A_{vT}/A_{vAZ}
Rohteil-temperatur T_R:	600°C-800°C	600°C-800°C	600°C-800°C	600°C-800°C	600°C-800°C	600°C-800°C
C 15	0,64 - 1,21	0,66 - 0,98	0,84 - 0,97	1,56 - 0,99	1,37 - 1,05	2,72 - 3,75
C 15 KG	0,53 - 1,06	0,70 - 1,13	0,89 - 1,00	1,77 - 1,39	1,33 - 1,13	2,28 - 5,03
9 S Mn 28 KG	0,63 - 1,11	0,66 - 0,97	0,89 - 0,71	1,66 - 1,08	1,30 - 1,05	4,67 - 8,86
10 S 20 KG	0,47 - 0,78	0,53 - 0,71	0,86 - 0,85	2,15 - 1,60	1,33 - 1,21	5,57 - 12,30
35 S 20 KG	0,46 - 0,77	0,51 - 0,74	0,76 - 0,91	2,04 - 1,54	1,33 - 1,17	3,50 - 5,34

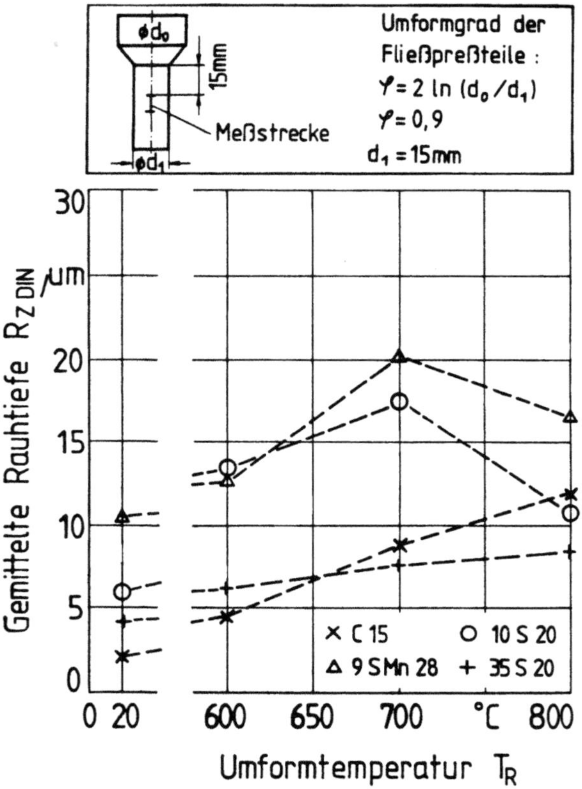

Bild 84: Gemittelte Rauhtiefe in Abhängigkeit von der Rohteiltemperatur.

stetig erhöhen, steigen sie für 9 SMn 28 und 10 S 20 bis 700°C an, um dann wieder abzufallen.

Gleiche Tendenzen sind aus Bild 85 zu entnehmen: Auch hier nimmt die Rauhtiefe für C 15 und 35 S 20 mit steigender Temperatur zu, bei 9 SMn 28 und 10 S 20 erreicht die Rautiefe bei einer Rohteiltemperatur von 700°C ein Maximum.

Mit zunehmendem Kohlenstoffgehalt sinkt die Rauhtiefe für alle untersuchten Stähle.

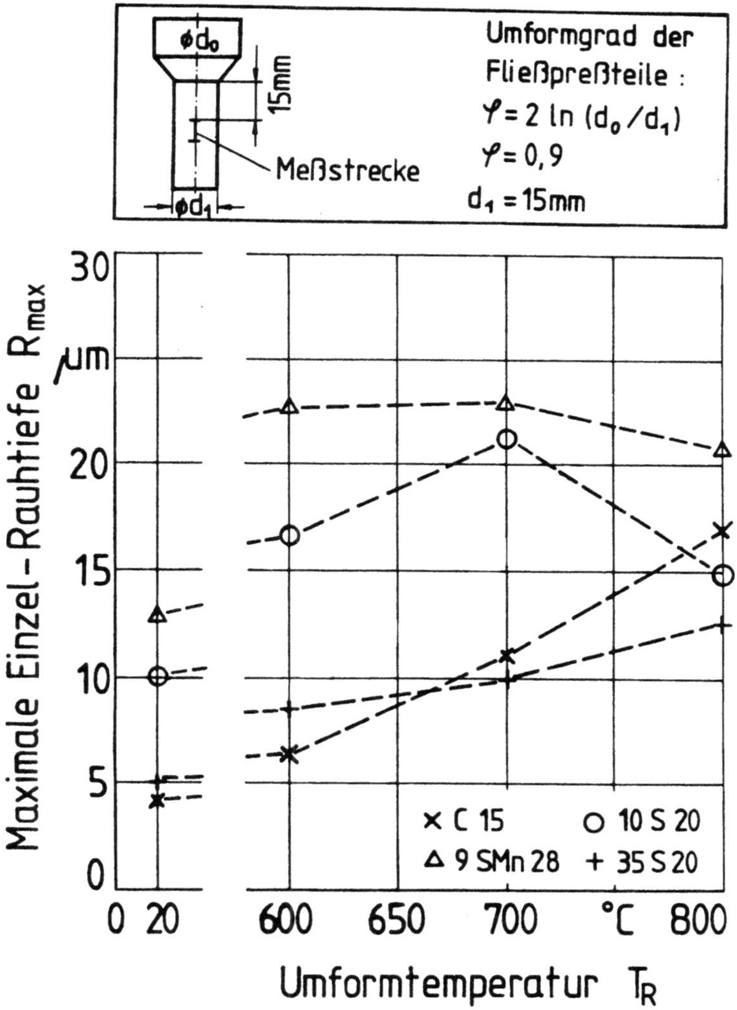

Bild 85: Maximale Einzel-Rauhtiefe in Abhängigkeit von der Rohteiltemperatur.

6.4 Gefüge

Die kaltfließgepreßten Automatenstahlwerkstücke weisen keine äußerlich sichtbaren Besonderheiten (Anrisse o.ä.) auf. Im Schliffbild zeigen sich kaltverformte Ferritkörner mit Gleitlinien. Die Korngrößen entsprechen den Korngrößen im Ausgangszustand, es tritt nur Kornstreckung und Gefügeausrichtung durch die Umformung auf (auch die MnS - Einschlüsse werden leicht gestreckt). Der Zementit ist durch das vorangegangene Weichglühen innerhalb der Perlitbereiche koaguliert (Bild 86).

Bild 86: Gefüge des Automatenstahls 9 SMn 28 nach dem Voll-Vorwärts-Fließpressen (Aufnahme: Schaftmitte).

Das Gefüge der halbwarmfließgepreßten Automatenstahlproben ist ebenfalls ausgerichtet und besteht aus gestreckten Ferrit- und Perlitzeilen (Bild 87). Diese Zeilen sind besonders beim Auto-

Umformgrad: φ=0,9

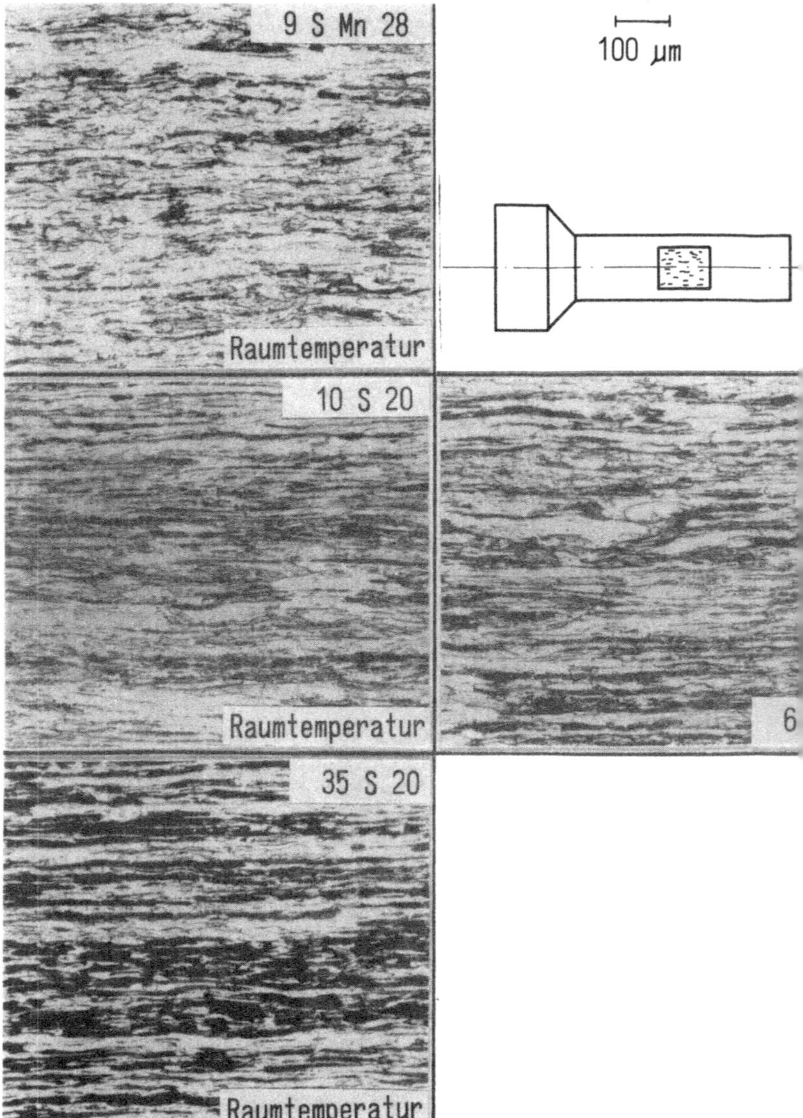

Bild 87: Gefüge der untersuchten Automatenstähle nach dem Voll-Vorwärts-Fließpressen (Aufnahmen:Schaftmitt

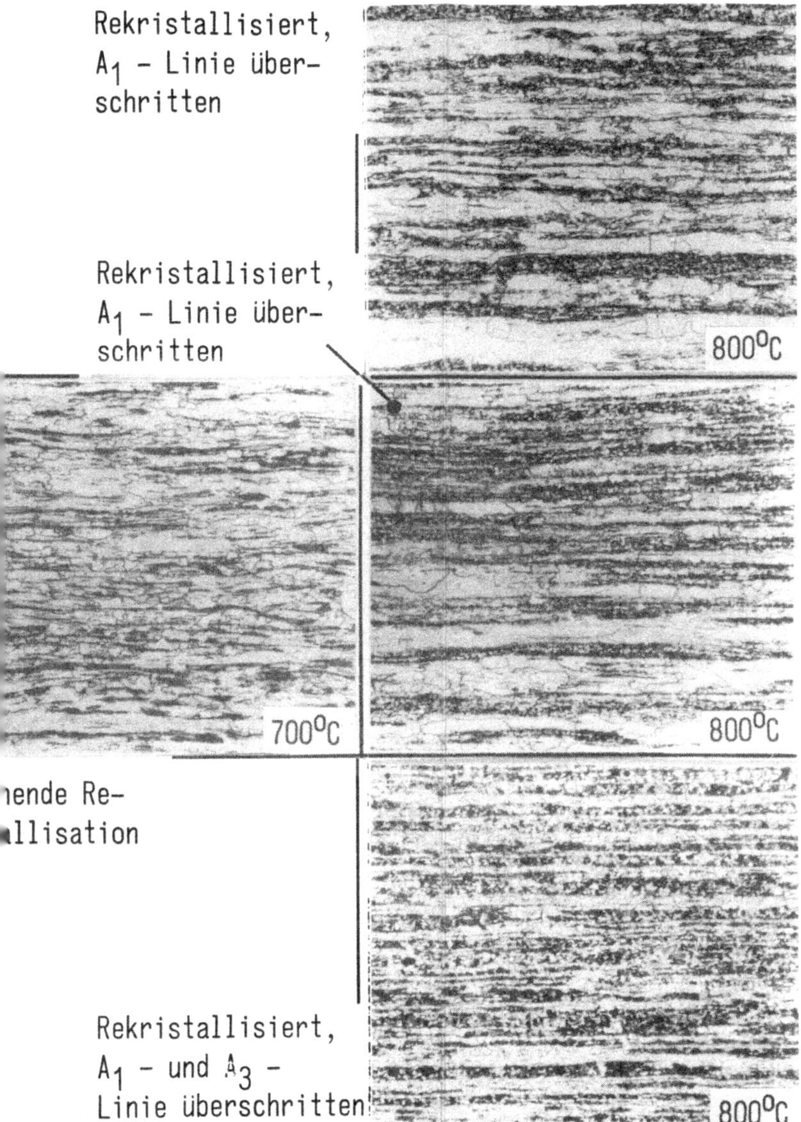
Rekristallisiert,
A_1 - Linie über-
schritten
Rekristallisiert,
A_1 - Linie über-
schritten
800°C
700°C
800°C
...ende Re-
...llisation
Rekristallisiert,
A_1 - und A_3 -
Linie überschritten
800°C

matenweichstahl 9 SMn 28 ausgeprägter als nach der Kaltumformung. Der Ferrit rekristallisierte, und es kommt durch das Überschreiten der A_1 - Linie zu einer Neuordnung des Perlits. Der Automatenvergütungsstahl 35 S 20 weist ein deutlich feinkörniges Gefüge, erklärbar durch Überschreiten der A_3- Linie, auf (Vergleichbar mit Normalglühen). Die Ferritkörner sind nicht gestreckt (Rekristallisation durch Überschreiten von A_1), allerdings liegt eine Zeiligkeit ähnlich wie im Ausgangszustand vor. Bild 87 ist zu entnehmen, daß nach einer Umformung mit $\varphi = 0{,}9$ die Rekristallisation ab einer Rohteiltemperatur von 700°C einsetzt (die Bilder stammen aus der Schaftmitte).

In den Randzonen besteht das Gefüge aus rekristallisiertem Ferrit und kaltverformten körnigem Perlit (Bild 88). Demnach muß die Temperatur am Rand weniger als 723°C, aber mehr als die Rekristallisationstemperatur des Ferrits (mindestens 550°C) betragen haben. Die Rohteiltemperatur, die im betrachteten Teil 800°C betrug (was sich durch die Ferrit- und Perlitzeiligkeit im Inneren der Probe nachweisen läßt), sank innerhalb kürzester Zeit durch Berührung mit dem Werkzeug [57,58].

Wie aus Bild 89 zu ersehen, liegt eine gleichmäßige Verteilung der MnS - Einschlüsse über dem Probenquerschnitt vor. Im Automateneinsatzstahl 10 S 20 liegt das MnS in dünneren und kürzeren Zeilen vor, während die beiden anderen Automatenstähle eine gröbere Verteilung aufweisen (auch im Ausgangszustand unterschied sich 10 S 20 deutlich von den anderen untersuchten Stählen).

Mit größer werdendem Umformgrad wird bekanntlich die Rekristallisationsschwelle zu tieferen Temperaturen hin verschoben. Dies ist deutlich in Bild 90 zu sehen (Umformgrad: $\varphi = 1{,}6$): nach der Halbwarmumformung bei 600°C liegt der Ferrit bereits rekristallisiert vor; der Perlit hat noch die ursprüngliche Form.

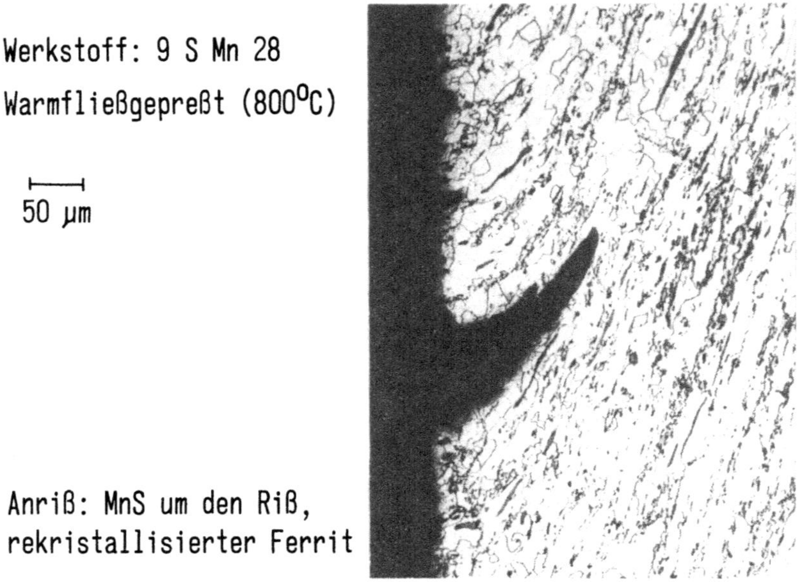

Bild 88: Gefüge des Automatenstahls 9 SMn 28 nach dem Voll-Vorwärts-Fließpressen (Aufnahme: Schaftrand).

Durch das Anwärmen der Ausgangsteile bildete sich auf der Probenoberfläche eine Oxidhaut mit einer maximalen Dicke von ca. 20 µm (Bild 91).

Einige halbwarmfließgepreßte Automatenstahlproben (φ = 0,9; T_R = 600°C - 800°C) weisen Anrisse am Schaftende auf (vgl. Bilder 43 und 44, Kapital 4.1.1.3); es wurden maximale Rißlängen von 0,2 mm gemessen (Bilder 88, 91, 92). Diese Versagensfälle sind nicht auf die erwähnte Oxidhaut zurückzuführen. Vielmehr wird vermutet, daß die Risse auf Grund der MnS - Einschlüsse auftraten (der Rißverlauf geht durch die Einschlüsse hindurch). In Bild 88 sind graue Flächen an den Rändern des Anrisses zu erkennen; durch einen Baumannabdruck konnte nachgewiesen werden, daß es sich dabei nicht um Eisenoxid, sondern um MnS-Einschlüsse handelt (Bild 93).

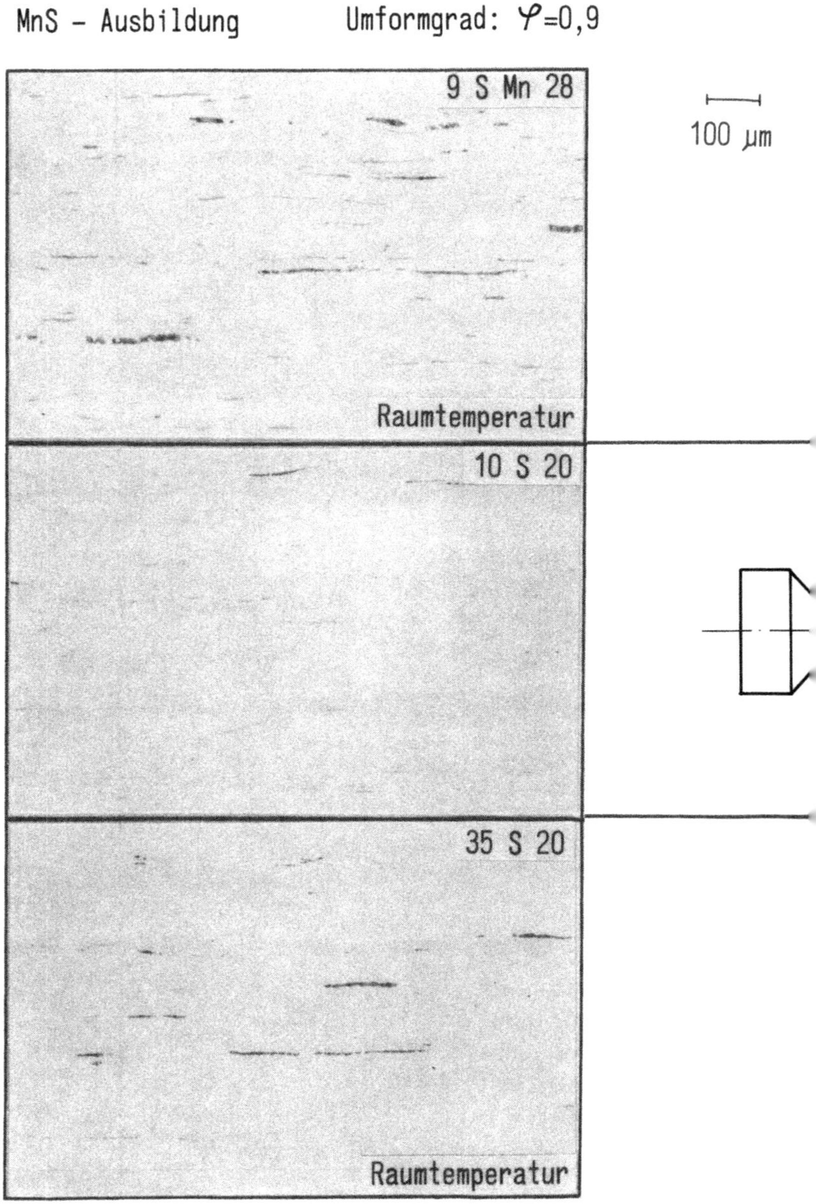

Bild 89: MnS-Ausbildung der untersuchten Automatenstähle
dem Voll-Vorwärts-Fließpressen (Aufnahmen:Schaft

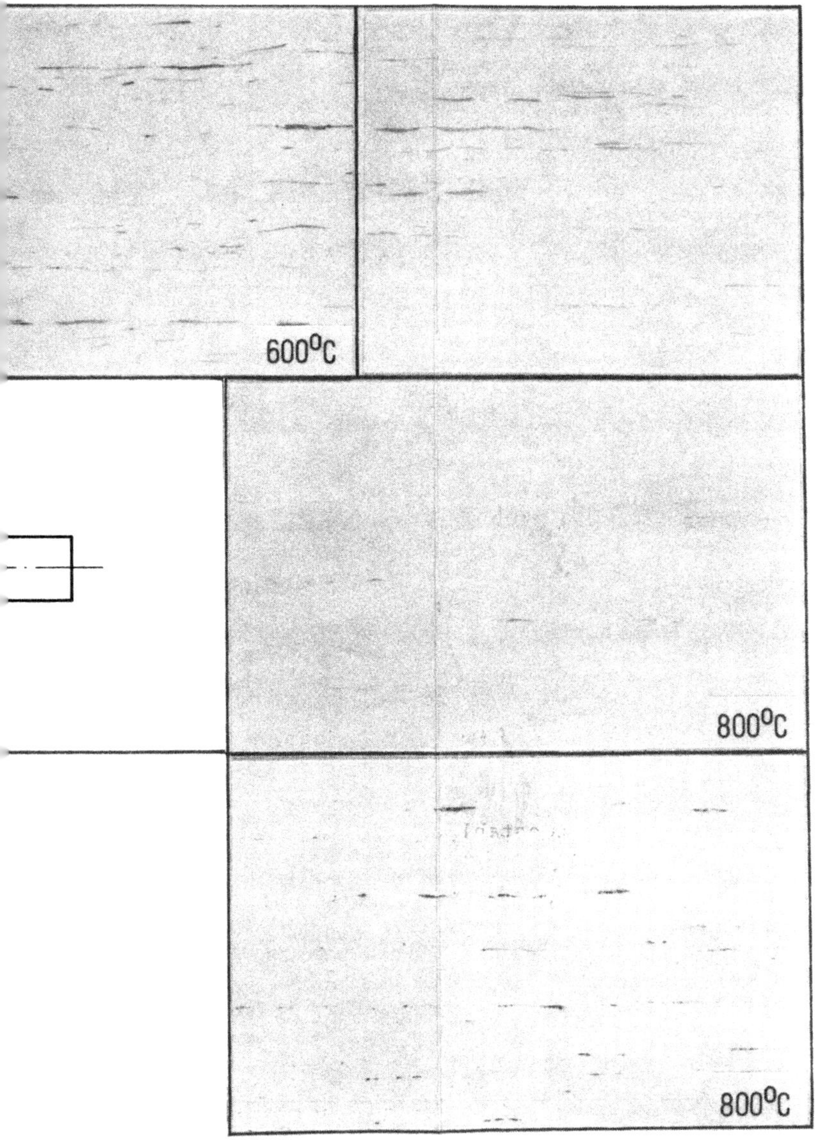
600°C
800°C
800°C

Werkstoff: 9 S Mn 28 Umformgrad: φ=1,6

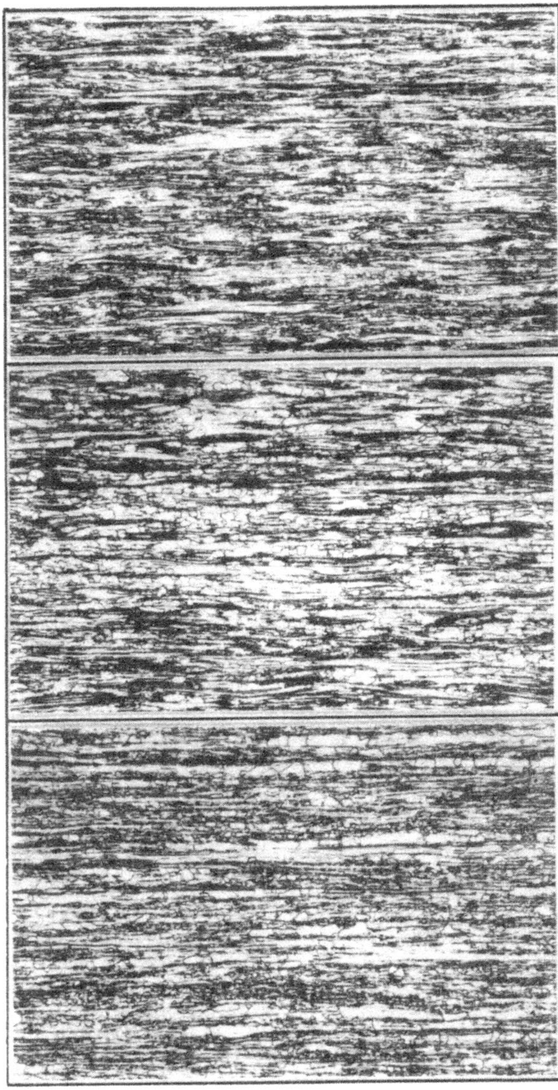

100 µm

Rohteiltempera
600°C

Zum Teil
rekristallisie

700°C

Weitgehend re-
kristallisiert

800°C

A_1 - Linie übe
schritten, re-
kristallisiert

Bild 90: Gefüge des Automatenstahls 9 SMn 28 nach dem
Vorwärts-Fließpressen (Aufnahmen:Schaftmitte)

rkstoff: 9 S Mn 28 MnS - Ausbildung

formgrad: φ =1,6

100 µm

Rohteiltemperatur:
600°C

700°C

800°C

Bild 91: Werkstoffversagen beim Voll-Vorwärts-Fließpressen
(wie Bild 88, jedoch andere Ätzung).

Die Gefügeuntersuchungen wurden z. T. am Max-Planck-Institut für Metallforschung, Stuttgart, durchgeführt.

6.5 Zerspanbarkeit

6.5.1 Grundsätzliches

Zerspanbarkeit ist ein komplexer Begriff für eine Vielzahl von Erscheinungen und Eigenschaften; eine genaue Definition gibt es nicht. Nach [54] ist folgende Begriffserklärung gebräuchlich: "Unter Spanbarkeit versteht man die Gesamtheit aller Eigenschaften eines Werkstückstoffs, die auf den Spanungsprozeß Einfluß haben. Die Spanbarkeit ist stets im Zusammenhang mit

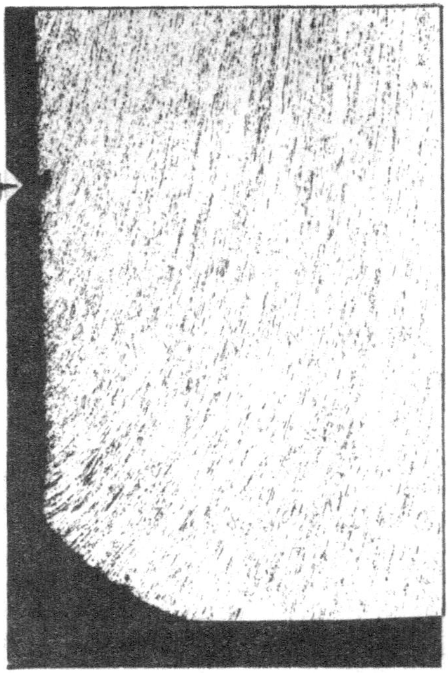

Bild 92: Werkstoffversagen beim Voll-Vorwärts-Fließpressen.

Bild 93: Werkstoffversagen beim Voll-Vorwärts-Fließpressen.

dem angewandten Bearbeitungsverfahren, dem Schmierstoff und den Schnittbedingungen zu beurteilen." Die wesentlichen Einflußfaktoren auf den Zerspanungsvorgang sind: Schneidstoff, Schnittdaten, Schneidengeometrie, Hilfsstoffe (Schmierstoff) und Bearbeitungsverfahren. Diese wirken sich auf die Kräfte, den Verschleiß, die Spanbildung und die Oberflächengüte aus. Nach dieser Betrachtungsweise lassen sich nur die Auswirkungen ändern, nicht aber die Spanbarkeit selbst; daher ist die Beurteilung (gut oder schlecht) überwiegend subjektiv, je nachdem, was als wichtigstes Kriterium angesehen wird.

Die bekannten Prüfverfahren sind in Langzeit- und Kurzzeitprüfverfahren eingeteilt. Den hier durchgeführten Untersuchungen wurde aus den in [55] genormten Prüfverfahren das Kurzzeitprüfverfahren der "spezifischen" Schnittkraftermittlung durch Drehen zugrunde gelegt. Das Wort "spezifisch" wird in Anführungszeichen geschrieben, da es sich hier um eine Beziehung zu einer Fläche handelt und nicht wie bei spezifischen Größen zu der Masse [56].
Die "spezifische" Schnittkraft k_c ist definiert als das Verhältnis der gemessenen Schnittkraft F_c zum gemessenen Spanungsquerschnitt A (s.Bild 94).

Als weiteres Kriterium für die Beurteilung der Zerspanbarkeit wurde die Spanbildung herangezogen. Durch das Eindringen des Schneidkeils in das Werkstück unter Einwirkung der Zerspankraft wird der vor der Spanfläche liegende Werkstoff gestaucht und gleitet dann über die Spanfläche des Werkzeugs als Span ab. Je nach Entstehung werden drei Arten von Spänen unterschieden: Fließspan, Scherspan und Reißspan. Während des Zerspanvorganges können Fließ- und Scherspan ohne ersichtlichen Grund untereinander wechseln. Für diese Untersuchung wurde daher die Unterscheidung nach Spanformen, die während des Zerspanvorganges relativ konstant blieben, gewählt.

6.5.2 Versuchseinrichtungen und Versuchsdurchführung

Die Versuche wurden auf einer Drehmaschine (Böhringer,Göppingen,

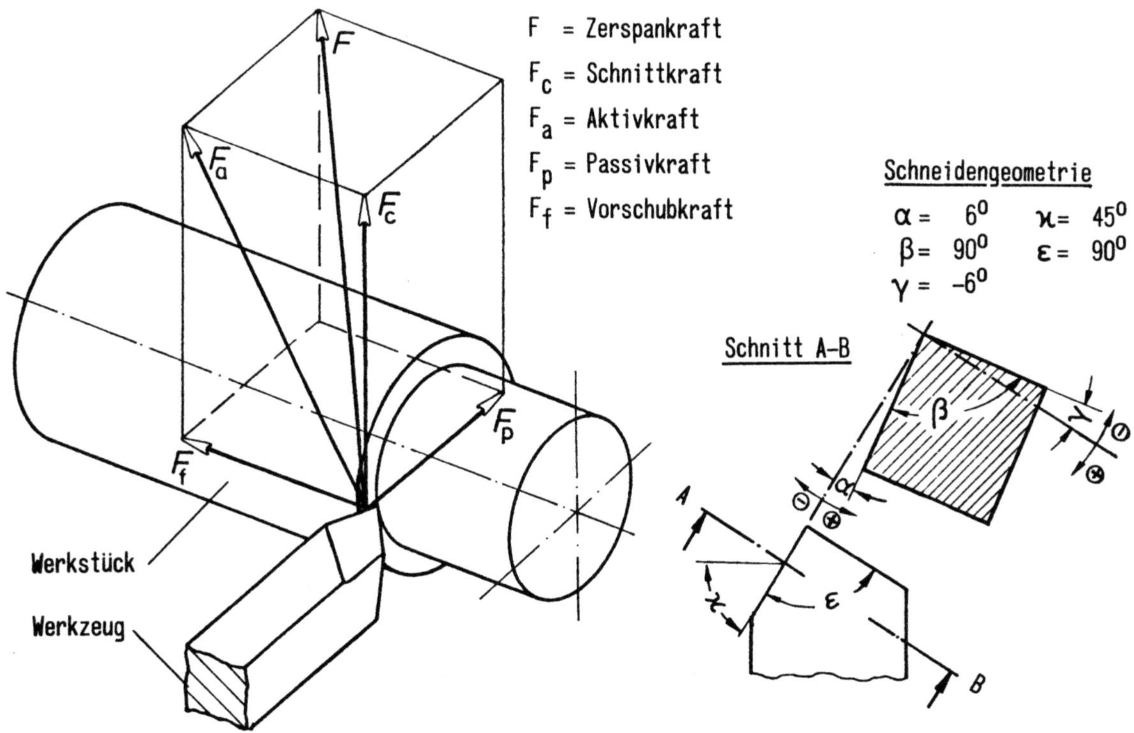

Bild 94: Kräfte und Schneidengeometrie beim Drehen.

VDF - Drehbank, Typ 44 S (Drehzahlbereich: 11,2 $\text{min}^{-1} \leq n \leq 2240\ \text{min}^{-1}$, Vorschubbereich: 0,005 mm $\leq f \leq$ $\leq$ 1,6 mm) durchgeführt.

Die Schnittkräfte wurden durch ein piezoelektrisches Dreikomponenten - Schnittkraftmeßgerät (Fabrikat Kistler: 3 Komponenten Dynamometer Typ 9263) in Form eines Meißelhalters ermittelt. Diese Einrichtung erlaubte die genaue Erfassung (Meßfehler unter 1%) der drei Kraftkomponenten: Schnittkraft F_c, Vorschubkraft F_f und Passivkraft F_p. Der Schnittkraftmesser war mit einem Meßverstärker (Kistler: Ladungsverstärker Typ 5001), der die elektrische Ladung in proportionale elektrische Spannung umwandelt, verbunden. Ein x-y-Schreiber (Fabrikat HP: Typ 7046 A) zeichnete die Meßwerte auf.

Die Zerspanung aller Proben erfolgte mit Hartmetall-Wendeschneidplatten der Anwendungsgruppe P 35 mit der Bezeichnung SNUN 120408 und den Einstellwerten (vgl. Bild 94):

Freiwinkel	$\alpha = 6°$
Keilwinkel	$\beta = 90°$
Neigungswinkel	$\lambda = 6°$
Spanwinkel	$\gamma = -6°$
Einstellwinkel	$\varkappa = 45°$
Eckenwinkel	$\varepsilon = 90°$
Eckenradius	$r_\varepsilon = 0{,}8$mm

Die Schnittgeschwindigkeit beim Abtragen der Außenhaut im 1. Schnitt betrug einheitlich $v_1 = 60$ m/min, im 2. Schnitt $v_2 = 52$ m/min. Die Vorschübe wurden zu $f_1 = 0{,}1$ mm und $f_2 = 0{,}14$ mm festgelegt; für f_2 beträgt die mittlere Spanungsdicke $h_1 = 0{,}1$ mm ($h_1 = f \cdot \sin\varkappa$), ein gängiger Wert in der Literatur.

Die Schnittfläche a wurde zum Einrichten einer möglichst kleinen Spanfläche zunächst auf a = 0,5 mm gehalten. Die Probe des Werkstoffs C 15 wurde mit dieser Zustellung bearbeitet. Da aber der Eckenradius der Wendeschneidplatten r_ε = 0,8 mm betrugt, wurde etwa die halbe Spanbreite von der Rundung gebildet, was bei der Fertigung, speziell beim Einsatz von Automaten, nicht der Fall sein wird. Die Schnittiefe wurde daher für alle weiteren Versuche auf a = 1,0 mm erhöht, damit der Span zum größten Teil durch den geraden Abschnitt der Schneide geformt wird.

Die Bearbeitung aller Werkstoffproben lief gleichzeitig in insgesamt vier Zerspanungsschritten ab:

1. Abdrehen der Außenhaut, Zustellung Schnittiefe a = 1 mm (0,5 mm) Vorschub f_1 = 0,1 mm;
2. Außenhaut, a = 1 mm (0,5 mm), f_2 = 0,14 mm;
3. Innere Werkstoffschicht, a = 1 mm (0,5 mm), f_1 = 0,1 mm;
4. Innere Werkstoffschicht, a = 1 mm (0,5 mm), f_2 = 0,14 mm.

Die Schneidengeometrie wurde durch häufiges Wenden bzw. Wechseln der Schneidplatten (nach 5 bis 6 Werkstücken) nahezu konstant gehalten.

An mehreren Werkstücken aus unterschiedlichen Werkstoffen traten mehr oder weniger ausgeprägte Rattermarken auf, die zum einen auf den negativen Spanwinkel zurückgeführt werden könnte - dieser bewirkt, daß der Werkstoff mehr weggedrückt als weggeschnitten wird - zum anderen auf die lange Einsatzhülse, die zur Werkstückaufnahme eingesetzt wurde.

Alle Versuche wurden am Institut für Werkzeugmaschinen (Prof. Tuffentsammer), Universität Stuttgart, durchgeführt.

6.5.3 Ergebnisse

6.5.3.1 "Spezifische" Schnittkraft k_c

Die Bilder 95 und 96 zeigen die "spezifischen" Schnittkräfte k_c aufgetragen über der Spanungsdicke h_1 für alle untersuchten Werkstoffe, die bei Rohteiltemperaturen zwischen 20°C und 800°C und dem Umformgrad φ=0,5 umgeformt wurden. In der Darstellung sind auch die Werte des Ausgangszustands mitberücksichtigt.

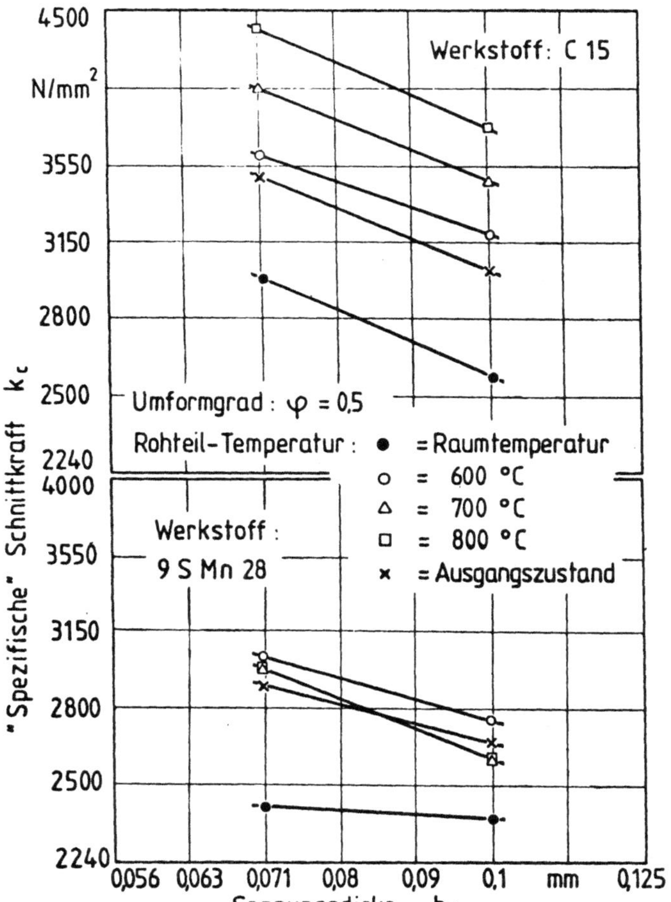

Schnittgeschw. : $v = 60\ m \cdot min^{-1}$

Schnittiefe : $a = 1{,}0\ mm$

(C 15 : $a = 0{,}5\ mm$)

Vorschub : $f_z = 0{,}14\ mm$

Schneidstoff : HM-W.-schn.-pl. SNUN 120408

Schneidengeometrie

α	γ	λ	ε	κ	r_ε
6°	-6°	6°	90°	45°	0,8mm

Bild 95: "Spezifische" Schnittkräfte in Abhängigkeit von der Spanungsdicke (C 15, 9 SMn 28).

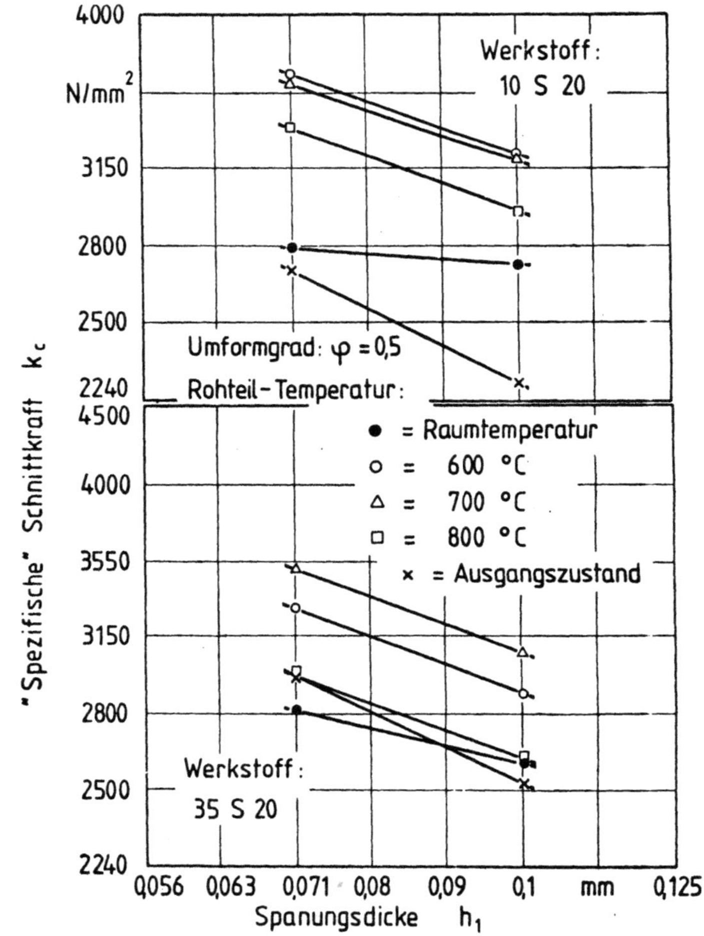

Schnittgeschw.: $v = 60\ m \cdot min^{-1}$

Schnittiefe : $a = 1{,}0$ mm

Vorschub : $f_2 = 0{,}14$ mm

Schneidstoff: HM-W.-schn.-pl. SNUN 120408

Schneidengeometrie

α	γ	λ	ε	κ	r_ε
6°	-6°	6°	90°	45°	0,8 mm

Bild 96: "Spezifische" Schnittkräfte in Abhängigkeit von der Spanungsdicke (10 S 20, 35 S 20).

Die Schnittkraft steigt linear mit der Spanungsbreite, aber degressiv mit der Spanungsdicke. Daher ergibt die Darstellung im doppeltlogarithmischem Maßstab abfallende Geraden - diese ergaben sich durch die beiden Spanungsdicken, die aus den Vorschubwerten abgeleitet wurden -.

Bei allen Werkstoffen ergaben sich die günstigsten k_c - Werte für die bei Raumtemperatur umgeformten Proben, bei C 15, 9 SMn 28 und teilweise bei 35 S 20 liegen die Werte unter denen des Ausgangszustandes. Für C 15 erhöhte sich die "spezifische" Schnittkraft mit zunehmender Umformtemperatur; diese Abhängigkeit wurde bei den Automatenstählen nicht beobachtet. Für 9 SMn 28 und 10 S 20 wurden die höchsten k_c - Werte bei Umformtemperaturen von 600°C ermittelt, für 35 S 20 bei 700°C. Eine schwache Temperaturabhängigkeit der "spezifischen" Schnittkräfte im Halbwarmumformbereich wiesen 9 SMn 28 und 10 S 20 auf.

In den Bildern 97 und 98 sind die "spezifischen" Schnittkräfte k_c in Abhängigkeit von der Rohteiltemperatur T_R und dem Umformgrad φ bei einer Spanungsdicke h_1 = 0,1 mm für die vier Werkstoffe dargestellt. Ebenso wurde die "spezifische" Schnittkraft für den Ausgangszustand durch ein x gekennzeichnet. Alle Werte gelten für das Zerspanen der Außenhaut.

Für alle Werkstoffe war deutlich der Einfluß der Umformtemperatur -Raumtemperatur und Halbwarmtemperaturbereich- zu beobachten: Nach Umformung bei Raumtemperatur ergaben sich günstige Werte, die mit zunehmender Umformtemperatur stiegen; für C 15 wurden die Maximalwerte zwischen 700°C und 800°C erreicht, die Automatenstähle wiesen die höchsten Werte meistens schon bei Umformtemperaturen von 600°C bis 700°C auf. Auch der Einfluß des Umformgrads war uneinheitlich: 10 S 20 erbrachte niedrigste Werte nach dem höchsten Umformgrad (φ =1,6), während die anderen Werkstoffe niedrigste Werte für den kleinsten Umformgrad (φ =0,5) lieferten. Höchste "spezifische" Schnittkräfte wies erwartungsgemäß der Referenzstahl C 15 auf; die Maximalwerte liegen um gut 20% über den ungünstigsten, das heißt höchsten Werten der umgeformten Automatenstahlproben. Sehr niedrige "spezifische" Schnittkräfte für alle Umformgrade und - tempe-

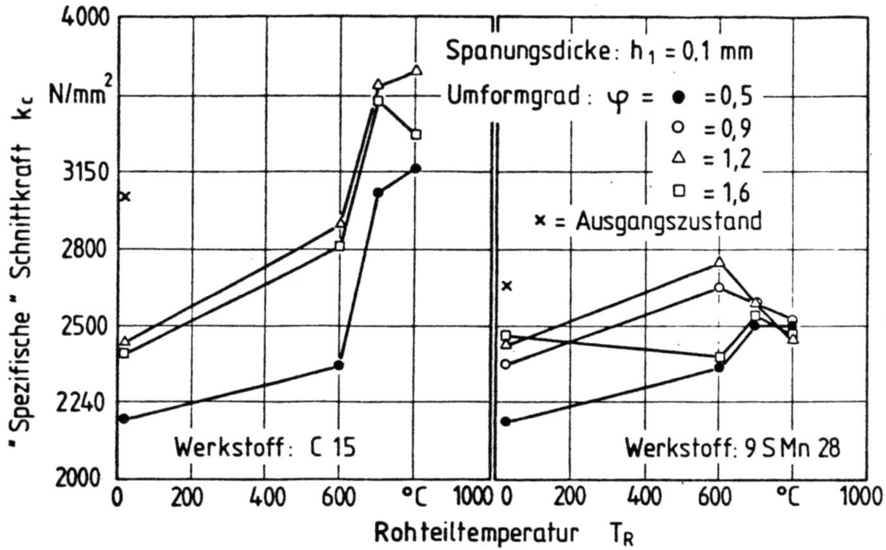

Schnittgeschw.: $v = 60\ m \cdot min^{-1}$

Schnittiefe : $a = 1{,}0$ mm

(C 15 : $a = 0{,}5$ mm)

Vorschub : $f_z = 0{,}14$ mm

Schneidstoff: HM-W.-schn.-pl. SNUN 120408

Schneidengeometrie

α	γ	λ	ε	$\varkappa$	r_ε
6°	-6°	6°	90°	45°	0,8mm

Bild 97: "Spezifische" Schnittkräfte in Abhängigkeit von der Rohteiltemperatur (C 15, 9 SMn 28).

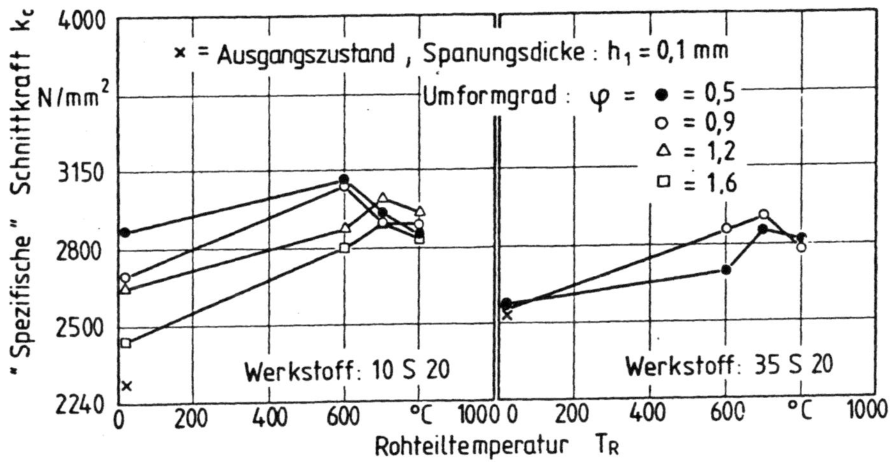

Schnittgeschw. : $v = 60\ m \cdot min^{-1}$

Schnittiefe : $a = 1{,}0$ mm

Vorschub : $f_2 = 0{,}14$ mm

Schneidstoff : HM-W.-schn.-pl. SNUN 120408

Schneidengeometrie

α	γ	λ	ε	$\varkappa$	r_ε
6°	-6°	6°	90°	45°	0,8mm

Bild 98: "Spezifische" Schnittkräfte in Abhängigkeit von der Rohteiltemperatur (10 S 20, 35 S 20).

raturen wurden für den Automatenweichstahl 9 SMn 28 ermittelt.

Die Bilder 99 und 100 zeigen die k_c - Werte der einzelnen Werkstoffe, wiederum über der Rohteiltemperatur aufgetragen. Die Werte gelten für das Zerspanen der Außenhaut. Deutlich sind auch in diesen Diagrammen die günstigen Werte für den Automatenweichstahl 9 SMn 28 bei allen Umformgraden zu erkennen. Lediglich für die bei Raumtemperatur umgeformten Proben wurden bei C 15 ähnlich gute "spezifische" Schnittkräfte gemessen.

Die Ergebnisse der Untersuchung der "spezifischen" Schnittkraft können wie folgt zusammengefaßt werden:

1. Grundsätzlich traten die geringsten Kräfte beim Zerspanen der Außenhaut auf. Das kann auf die stärkere Verformung der Randzonen zurückgeführt werden.

2. Die "spezifischen" Schnittkräfte der bei Raumtemperatur umgeformten Werkstücke waren deutlich niedriger als die der nicht umgeformten Werkstücke (Ausnahme: 10 S 20).

3. Es bestand eine eindeutige Abhängigkeit der Zerspankräfte von der Umformtemperatur: Die Kaltumformung hatte einen positiven Einfluß auf die k_c - Werte - diese wurden vermindert - . Bei Umformtemperaturen zwischen 600°C und 700°C ergaben sich ungünstigere - höhere - k_c - Werte, bei 800°C nahmen sie wieder ab.

4. Im Bereich höherer Umformgrade stieg die "spezifische" Schnittkraft mit wachsendem Umformgrad an. Eine Ausnahme bildete der Automateneinsatzstahl 10 S 20.

5. Die vergleichenden Untersuchungen ergaben für den Automatenweichstahl 9 SMn 28 die günstigsten Ergebnisse, schlechteste Werte wies erwartungsgemäß der Referenzstahl C 15 auf.

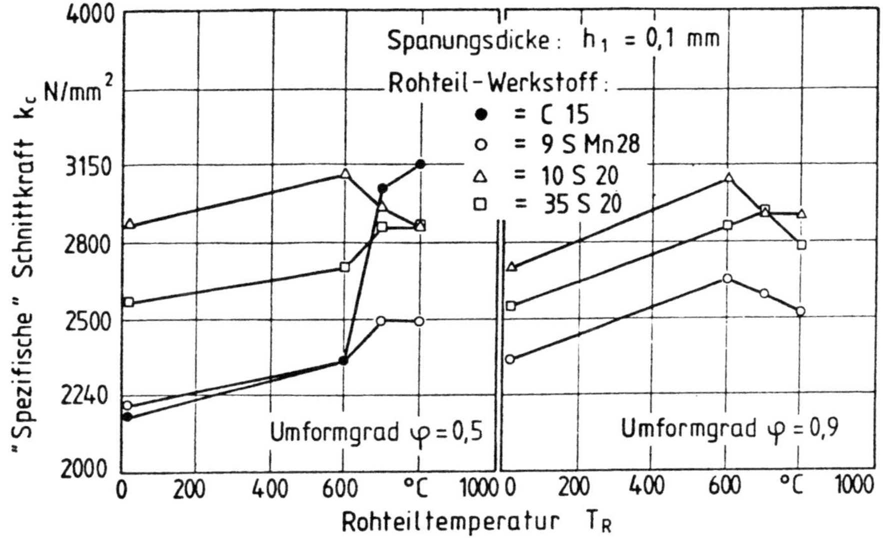

Schnittgeschw.: $v = 60\ m \cdot min^{-1}$

Schnittiefe : $a = 1{,}0$ mm

(C 15 : $a = 0{,}5$ mm)

Vorschub : $f_2 = 0{,}14$ mm

Schneidstoff: HM-W.-schn.-pl. SNUN 120408

Schneidengeometrie

α	γ	λ	ε	$\varkappa$	r_ε
6°	-6°	6°	90°	45°	0,8 mm

Bild 99: "Spezifische" Schnittkräfte in Abhängigkeit von der Rohteiltemperatur für $\varphi = 0{,}5$ und $\varphi = 0{,}9$.

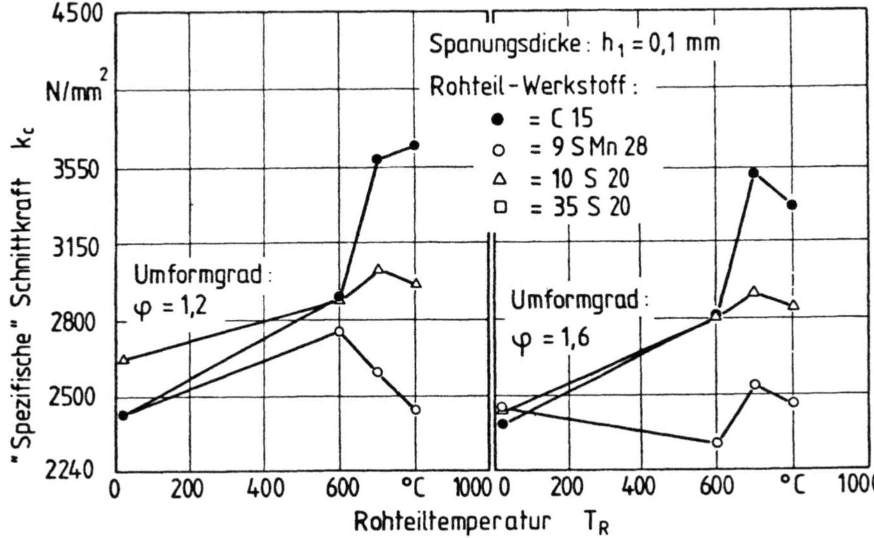

Schnittgeschw.: $v = 60\ m \cdot min^{-1}$
Schnittiefe : $a = 1{,}0$ mm
(C 15 : $a = 0{,}5$ mm)
Vorschub : $f_z = 0{,}14$ mm

Schneidstoff: HM-W.-schn.-pl. SNUN 120408
Schneidengeometrie

α	γ	λ	ε	$\varkappa$	r_ε
6°	-6°	6°	90°	45°	0,8 mm

Bild 100: "Spezifische" Schnittkräfte in Abhängigkeit von der Rohteiltemperatur für $\varphi = 1{,}2$ und $\varphi = 1.6$.

6.5.3.2 Beurteilung der Späne

Zum Vergleich der Spanformen wurden die Späne jedes Werkstoffs, unterschieden nach Umformgrad und Umformtemperatur in einer Spanbeschreibungstafel zusammengetragen und fotografiert (Bilder 101 bis 104).

Anhand dieser Bilder kann eine eindeutige Abhängigkeit der Spanbildung von der Umformtemperatur erkannt werden. Dabei bildeten sich - unabhängig vom Werkstoff - bei Raumtemperatur oft unerwünschte Wirrspäne oder lange Wendelspäne, während sich bei erhöhten Umformtemperaturen hauptsächlich günstige Bruchspäne entwickelten. Allerdings ist zu beachten, daß die Schneidengeometrie und die Schnittbedingungen einen wesentlichen Einfluß auf die Spanarten und Spanformen ausüben. Das kann auch der Grund dafür sein, daß bei bestimmten Bedingungen günstige k_c -Werte bei gleichzeitiger schlechter Spanbildung beobachtet wurden und umgekehrt.

Zur Verbesserung der Spanausbildung wurden Stichversuche mit dem Automatenstahl 9 SMn 28 und C 15 durchgeführt, es wurden die Geometrie- und Geschwindigkeitswerte verändert. Dabei entstanden statt der vorher nach Kaltumformung aufgetretenen Wirrspäne nun kurze Spanbruchstücke.

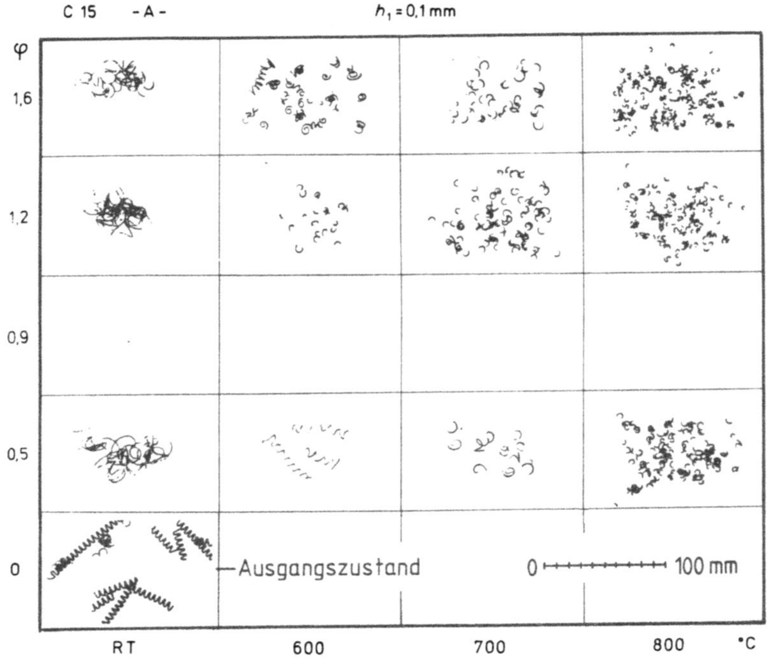

Schnittgeschw. : $v = 60\ m \cdot min^{-1}$

Schnittiefe : $a = 0{,}5\ mm$

Vorschub : $f_z = 0{,}14\ mm$

Schneidstoff : HM-W.-schn.-pl. SNUN 120408

Schneidengeometrie

α	γ	λ	ε	κ	r_ε
6°	-6°	6°	90°	45°	0,8mm

Bild 101: Spanbeschreibungstafel für C 15.

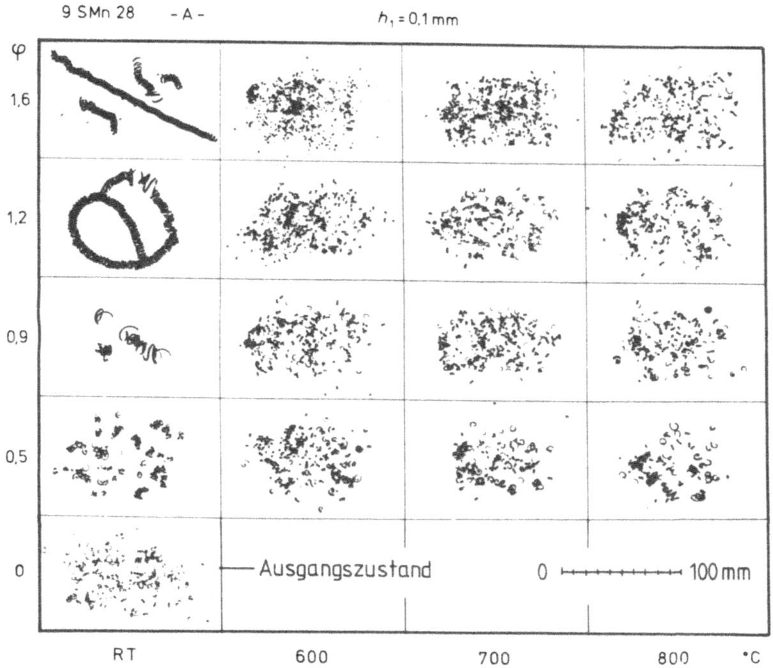

Schnittgeschw. : $v = 60\ m \cdot min^{-1}$

Schnittiefe : $a = 1{,}0\ mm$

Vorschub : $f_2 = 0{,}14\ mm$

Schneidstoff : HM-W.-schn.-pl. SNUN 120408

Schneidengeometrie

α	γ	λ	ε	$\varkappa$	r_ε
6°	-6°	6°	90°	45°	0,8 mm

Bild 102: Spanbeschreibungstafel für 9 SMn 28.

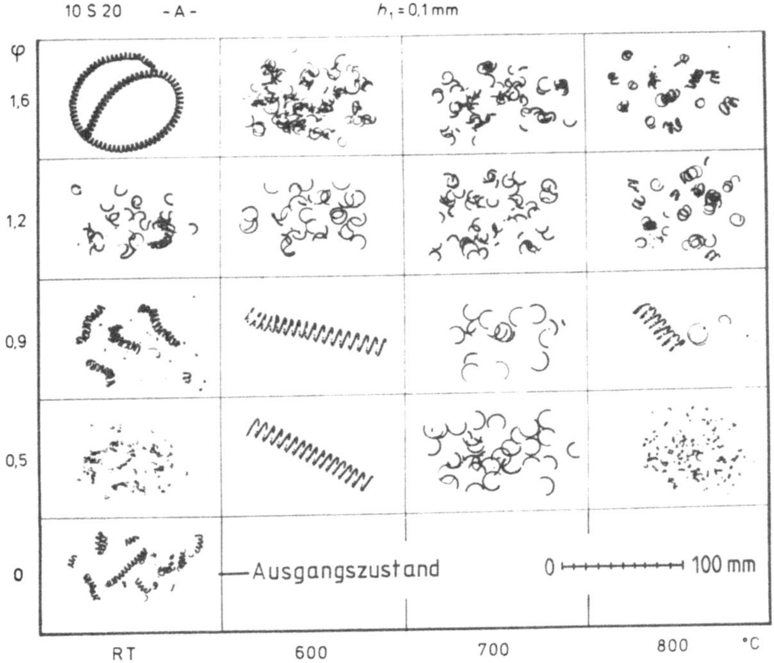

Schnittgeschw. : $v = 60\ m \cdot min^{-1}$

Schnittiefe : $a = 1,0$ mm

Vorschub : $f_z = 0,14$ mm

Schneidstoff : HM-W.-schn.-pl. SNUN 120408

Schneidengeometrie

α	γ	λ	ε	κ	r_ε
6°	-6°	6°	90°	45°	0,8 mm

Bild 103: Spanbeschreibungstafel für 10 S 20.

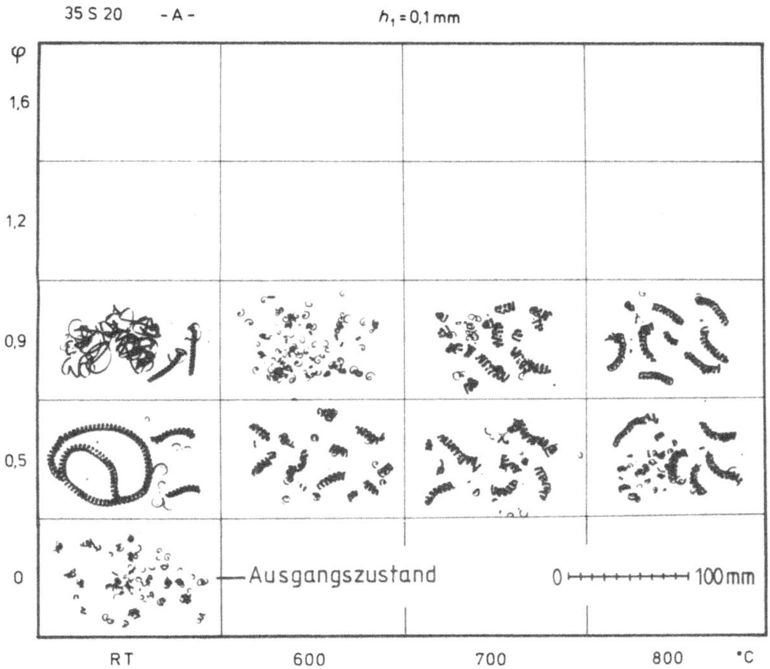

Schnittgeschw. : $v = 60\ m \cdot min^{-1}$

Schnittiefe : $a = 1{,}0$ mm

Vorschub : $f_2 = 0{,}14$ mm

Schneidstoff : HM-W.-schn.-pl. SNUN 120408

Schneidengeometrie

α	γ	λ	ε	$\varkappa$	r_ε
6°	-6°	6°	90°	45°	0,8 mm

Bild 104: Spanbeschreibungstafel für 35 S 20.

7 Zusammenfassung

Ziel dieses Forschungsvorhabens war es, die Umformeignung einiger ausgewählter Automatenstähle zu untersuchen. Es wurde davon ausgegangen, daß sich diese gut zerspanbaren Stähle bei Raumtemperatur schlecht umformen lassen. Daher sollte neben den Versuchen bei 20°C auch der Bereich der Halbwarmumformung (600°C bis 800°C) berücksichtigt werden.

Um Aussagen über das Formänderungsvermögen der Werkstoffe zu erlangen, wurde der "Upsettability-Test" durchgeführt. Dieser bestätigte die Erwartung, daß der als Referenzstahl gewählte C 15 bei Raumtemperatur die besten Ergebnisse liefert. Im Halbwarmbereich ergaben sich auch für den Automateneinsatzstahl 10 S 20 gute Werte - verglichen mit C 15 - während sich das Formänderungsvermögen für die beiden anderen Automatenstähle, den Automatenweichstahl 9 SMn 28 und den Automatenvergütungsstahl 35 S 20 zwar erhöhte, jedoch nicht die Werte des Referenzstahles erreichten.

Anschließend wurden die Werkstoffkennwerte im Ausgangszustand (kaltgezogen und weichgeglüht) aufgenommen. Es wurden für 35 S 20 die größten Festigkeitswerte gemessen; die größte Zähigkeit wies 10 S 20 auf.Die niedrigste Fließspannung bei Raumtemperatur wies 10 S 20 auf, für 35 S 20 wurden die höchsten Werte gemessen. Im Bereich höherer Temperaturen ergaben sich nur noch geringe Unterschiede zwischen C 15, 9 SMn 28 und 10 S 20; 35 S 20 ergab immer die höchsten Werte.

Untersuchungen der Spanbarkeit zeigten deutlich geringere Schnittkräfte bei den Automatenstählen im Vergleich zu C 15. Bei den Spanformen ergaben sich jedoch keine großen Unterschiede.

Als Umformverfahren wurden das Voll-Vorwärts-Fließpressen (VVFP) mit den Umformgraden: $\varphi = 0{,}5;\ 0{,}9;\ 1{,}2;\ 1{,}6$ und dem Schulteröffnungswinkel $2\alpha = 90°$ und das Napf-Rückwärts-Fließpressen (NRFP) mit einer relativen Querschnittsänderung: $\varepsilon_A = 0{,}6$ ($\hat{=}\ \varphi = 0{,}9$) durchgeführt. In Stichversuchen wurde für C 15 und 9 SMn 28 der Schulteröffnungswinkel 2α variiert: $2\alpha = 60°$,

90°, 120°. Wie auf Grund der Fließkurvenverläufe zu vermuten war, wurden für 35 S 20 die größten Stempelkräfte gemessen und für 10 S 20 die geringsten. Dabei betrug der Unterschied zwischen den maximalen und minimalen gemessenen Werten bei hohem Umformgrad bis zu 15 %, bei niedrigem Umformgrad war er kaum noch feststellbar. Auch mit zunehmender Umformtemperatur näherten sich die Stempelkräfte der untersuchten Werkstoffe einander an.

Beim höchsten Umformgrad konnte, sowohl beim VVFP als auch beim NRFP durch Erhöhen der Umformtemperatur die Stempelkraft um gut die Hälfte gesenkt werden. Bei niedrigem Umformgrad erbrachte die Temperatur nur eine geringe Kraftverminderung.

Werkstoffversagen trat beim VVFP in Form von Anrissen am Umfang des Schaftes im Anfahrbereich auf. Diese waren jedoch nur bei einem Umformgrad von $\varphi = 0.9$ (und in wesentlich abgeschwächter Form bei $\varphi = 1.2$) und Rohteiltemperaturen von 600°C - 800°C bei den Automatenstählen zu beobachten. Die Brüche waren sehr klein und konnten durch Ändern der Rohteilgeometrie (Anfasen) vermindert, jedoch nicht ganz verhindert werden.
Beim NRFP trat kein Werkstoffversagen in Form von Anrissen auf.

Die im Zugversuch ermittelten mechanischen Kennwerte der Automatenstähle nach der Umformung verhalten sich ähnlich wie die des Referenzstahls C 15.Die Festigkeitswerte verminderten sich mit zunehmender Umformtemperatur: bei Kaltumformung erhöhten sich die Festigkeitswerte gegenüber dem Ausgangszustand um fast die Hälfte, nach Halbwarmumformung (700°C, 800°C) wurden dagegen nur noch geringe Veränderungen gegenüber dem Ausgangszustand festgestellt. Die Zähigkeitskennwerte haben umgekehrte Tendenz, sie nahmen zu mit zunehmender Umformtemperatur. Die Bruchdehnung und die Brucheinschnürung nahmen nach Halbwarmumformung Werte an, die etwa gleich den Ausgangswerten sind. Höchste Festigkeit nach der Umformung wies erwartungsgemäß 35 S 20 auf, niedrigste Festigkeitswerte 10 S 20. Die größten Zähigkeitswerte erreichten C 15 und 10 S 20.

Der Einfluß des Umformgrades auf die Kennwerte aus dem Zugversuch war gering.

Nach dem Umformen wurden wiederum die Werkstoffkennwerte ermittelt.
Dabei zeigten alle Fließkurven der kaltumgeformten Proben (φ = 0,5 - 1,6; 4 Werkstoffe) das gleiche Verhalten: zunächst ein Anstieg der Fließspannung bis $\varphi \approx 0.1$, danach eine leichte Abnahme des k_f - Wertes. Das kann möglicherweise mit dem Wechsel der Formänderungs- und Beanspruchungsrichtung (Fließpressen-Stauchen) oder mit Querschnittsverwölbungen während des Fließpressens (inhomogene Verfestigung) zusammenhängen. Mit zunehmender Umformtemperatur nahm die Fließspannung ab. Der Umformgrad durch VVFP hatte nur einen geringen Einfluß auf die Fließkurven.

Aus der Vielzahl der bekannten Verfahren zur Prüfung der Spanbarkeit wurde die Ermittlung der "spezifischen" Schnittkraft k_c durch Drehen ausgewählt, außerdem wurde eine Spanbeschreibungstafel erstellt. Alle Werkstoffe wurden unter gleichen Bedingungen zerspant: das Ziel war, vergleichbare Werte für die Zerspanbarkeit zu erhalten und nicht, optimale Zerspanbedingungen zu ermitteln. Für den Ausgangszustand ergaben sich höhere "spezifische" Schnittkräfte als für Teile, die bei Raumtemperatur umgeformt wurden. Mit zunehmender Umformtemperatur erhöhten sich dann die Schnittkräfte. Auch mit größer werdendem Umformgrad nahm der k_c-Wert zu (Ausnahme 10 S 20). Geringste Kräfte wurden für 9 SMn 28 gemessen, größte Werte wies erwartungsgemäß C 15 auf.

Für die gewählten Schnittbedingungen ergaben sich günstige Bruchspäne bei den halbwarm umgeformten Werkstücken, während die bei Raumtemperatur umgeformten Fließpreßteile unerwünschte Wendelspäne lieferten. Dieses Verhalten war nicht zu erwarten, läßt sich jedoch durch die zu Vergleichszwecken gewählten Schnittbedingungen erklären: mit geänderten Geometrie- und Geschwindigkeitsdaten konnten auch an bei Raumtemperatur umgeformten Teilen günstige Bröckelspäne erhalten werden. Das bedeutet, daß durch werkstoffspezifisch optimierte Schnittwerte eine gewünschte Spanausbildung einstellbar ist.

Die Untersuchung hat gezeigt, daß die Umformung der Automatenstähle: 9 SMn 28, 10 S 20 und 35 S 20 mit beschriebenem Gefügezustand nicht nur im Halbwarmtemperaturbereich zwischen 600°C und 800°C möglich, sondern durchaus auch bei Raumtemperatur durchführbar ist: das Formänderungsvermögen bestimmter Automatenstähle erreicht fast die Werte des Stahles C 15. Auch hohe Umformgrade verschlechtern die Festigkeits- und Zähigkeitseigenschaften, verglichen mit C 15, nicht. Die Zerspankräfte wurden durch eine Umformung bei Raumtemperatur vermindert und nach Halbwarmumformung erhöht. Aufgrund dieser Ergebnisse scheint es sinnvoll, für Fertigteile, die durch Umformen und anschließendes Zerspanen hergestellt werden sollen, einen geeigneten Automatenstahl zu verwenden. Die Umformung könnte trotz etwas höherer Stempelkräfte bei den untersuchten Automatenstählen auch bei Raumtemperatur durchgeführt werden.

Allerdings wurde auch festgestellt, daß der als Referenzstahl untersuchte C 15 durch Wahl geeigneter Geometrie- und Schnittbedingungen günstige Spanformen (Bildung von Spanbruchstücken) lieferte; die Zerspanung erforderte jedoch höhere "spezifische" Schnittkräfte.

Abschließend sei ausdrücklich darauf hingewiesen, daß die Ergebnisse nur für die angegebenen Automatenstähle und für die in der Untersuchung benutzten Verfahrens- und Werkzeugparameter gültig sind und nicht ohne weiteres auf andere Werkstoffe oder Umformbedingungen übertragen werden können. Hierzu müßten die Untersuchungen vielmehr nach Breite und Tiefe erweitert werden; das ist im Rahmen geplanter Folgeuntersuchungen vorgesehen.

Schrifttum

[1] Forschungsstelle Gesenkschmieden: Halbwarmumformen. Hrsg.: VDI/ADB-Ausschuß Schmieden, Hagen 1981.

[2] Kowallick, G.: Vergleichende Untersuchungen über das Halbwarm- und Warmpressen von Stahl. TU Hannover, Dr.-Ing.-Diss.1979.

[3] Anke, F.: Verformen von Stählen und NE-Metallen zwischen Raumtemperatur und Umwandlungstemperatur. Bänder Bleche Rohre 7 (1966) S. 687-691.

[4] Golovin, V. A.: Probleme der Umformfähigkeit beim Kalt- und Halbwarm-Massivumformen (russ.) Kuzn.-Štamp. Proizvod.23 (1981) S.21-24. Deutsch: Auswahlübersetzung (1981) S.35-51.

[5] Mote, H.: How about warm forging. Amer.Mach. 112 (1968) S. 133-134.

[6] Svahn, O. u.a.: Investigation concerning the semi-cold working of material. (Untersuchung der "Halbwarm"-Umformung von Werkstoffen) Ann. C.I.R.P.13 (1966) S. 417-424.

[7] Schmidt, H.: Werkzeugfragen beim Halbwarmpressen. In: Seminar "Neuere Entwicklungen in der Massivumformung", Forschungsinstitut Umformtechnik,Stuttgart 1979.

[8] Diether, U.: Fließpressen von Stahl im Temperaturbereich 773-1073 K. Universität Stuttgart, Dr.-Ing.-Diss. 1980.

[9] Geiger, R.; Dannenmann, E.; Stefanakis, J.: Untersuchungen zum Halbwarmfließpressen von Stahl. Berichte aus dem Institut für Umformtechnik, Nr.41, Girardet, Essen 1976.

[10] Lindner, H.: Massivumformung von Stahl zwischen 600° und 900°C ("Halbwarmschmieden"). VDI-Zeitschrift, Reihe 2, Nr.7 (1966).

[11] Meyer-Nolkemper, H.: Halbwarmfließpressen: Werkstoffe, Fließkurven, Werkstoffverhalten. In:Seminar "Neuere Entwicklungen in der Massivumformung", Forschungsinstitut Umformtechnik, Stuttgart 1977.

[12] Jonck, R.: Werkzeugwerkstoffe für die Kaltmassivumformung. VDI-Berichte Nr. 432, Düsseldorf 1982.

[13] Dycke, N.: Halbwarmfließpressen. Werkstatt und Betrieb 109 (1976) S. 729-735.

[14] Matthes, H.: Tribologische Probleme beim Halbwarmfließpressen. Draht 29 (1978) S. 337-339.

[15] Diether, U.: Fließpressen von Stahl bei erhöhten Temperaturen - Gebrauchseigenschaften der Werkstücke. wt-Zeitschrift für industrielle Fertigung 68 (1978) S. 449-456.

[16] Yuasa, K.; Murata, Y.: Mechanische Eigenschaften und Gefügeaufnahmen von warmfließgepreßten Kohlenstoffstählen. Ind.-Anz. 97 (1975)S. 375-378.

[17] De Barbadillo, J.J.; Snape, E.: Sulfide Inclusions in Steel. Proceedings of an International Symposium 7.-8.11.1974, Port Chester, New York, ASM 1975.

[18] Spiess, H.-J.: Verhalten von nichtmetallischen Einschlüssen im Stahl bei der Erstarrung und Umformung. Freiberger Forschungshefte, VEB Deutscher Verlag für Grundstoffindustrie, Leipzig 1968.

[19] Van Vlack, L.H.; Rieger, O. K.; Warrick, R. J.; Dahl, J. M.: Sulfid-Einschlüsse im Stahl. Trans.met. Soc. AIME 221(1961), S.220-228. vgl.Trans-met.Soc. AIME 221(1961) S. 512-517.

[20] Dahl, W.: Werkstoffkundliche Grundlagen zum Verhalten von Schwefel im Stahl. Stahl und Eisen 97 (1977) S. 402-409.

[21] Hiam, J. R.: The effect of sulphide inclusions on cold formability. Proceedings of an International Symposium 7.-8.11.1974, Port Chester, New York, ASM 1975.

[22] Tegart, W. J. McG.; Gittins. A.: The role of sulfides in the hot workability of Steels. Proceedings of an International Symposium 7.-8.11.1974, Port Chester, New York, ASM 1975.

[23] Dahl, W.; Hengstenberg, H.; Düren, C.: Verhalten der verschiedenen Sulfidformen bei der Verformung und ihr Einfluß auf die mechanischen Eigenschaften. Stahl und Eisen 86,(1966) S. 796-817.

[24] Spitzig, W.A.; Sober, R.J.: Influence of Sulfide Inclusions and Pearlite Content on the Mechanical Properties of Hot-Rolled Carbon Steels. Metallurgical Transactions A, Volume 12 A (1981) S. 281-291.

[25] De Ardo, A. J. Jr.: Influence of Elongated Inclusions on the Mechanical Properties of High Strength Steel Plate. Proceedings of an International Symposium 7.-8.11.1974, Port Chester, New York, ASM 1975.

[26] Aghan, R.L., Nutting, J.: Structure and Properties of Free-Cutting Steels after Deformation of High Strains. Metals Technol. 8 (1981) S. 41-45.

[27] Schumann, H.: Metallographie. VEB Dt.Verlag für Grundstoffindustrie, Leipzig 1964.

[28] Wells, R. G.: Metallographic Techniques in the Identification of Sulfide Inclusions in Steel. Proceedings of an International Symposium 7.-8.11.1974, Port Chester, New York, ASM 1975.

[29] Baker, T. J.: Use of Scanning Electron Microscopy in Studying Sulphide Morphologie on Fracture Surfaces. Proceedings of an International Symposium 7.-8.11. 1974, Port Chester, New York, ASM 1975.

[30] Sims, C. E.; Saller, H. A., Bougler, F. W.: Trans. AFS, Vol. 57 (1949) S. 233.

[31] Bühler, H.-E.; Robusch, G.; Leiber, F.: Untersuchungen zum Festigkeitsverhalten von Sulfiden in den Systemen Mn-Fe-S, Mn-Ti-S und Mn-Zr-S. Thyssenforschung 4. Jhrg. Hefte 3 und 4 (1972) S.133-140.

[32] Chao, H. C.; Van Vlack, L. H.: Trans. Metallurg. Soc. AIME 233 (1965) S. 1227-1231.

[33] Malkiewicz, T.; Rudnik, S.: Verformung von nichtmetallischen Einschlüssen während des Walzens. Iron Steel Inst. 201 (1963) S. 33-38.

[34] Maunder, P. J. H.; Charles, J. A.: Iron Steel Inst. 206 (1968) S. 705-715.

[35] Kozasu, I.; Tanaka, J.: Effects of Sulfide Inclusions on Notch Toughness and Ductility of Structural Steels. Proceedings of an International Symposium 7.-8.11.1974, Port Chester, New York, ASM 1975.

[36] Fritsch, G.; Behr, K.-A.: Berechnung der Formänderungsgeschwindigkeit bei den wichtigsten Verfahren der Massivumformung. Fertigungstechnik und Betrieb 17 (1967) S. 734-737.

[37] Hankele, K.: Eigenschaften einer AlZnMgCu-Legierung nach ausgewählten Kombinationen von Wärmebehandlung und Kaltumformung. Berichte aus dem Institut für Umformtechnik,Nr. 46, Girardet, Essen 1977.

[38] Naumann, F. K.: Das Buch der Schadensfälle. Dr.Rieder-Verlag GmbH, Stuttgart 1976.

[39] Lange, K.: Lehrbuch der Umformtechnik, Bd. I, II, III, Springer Verlag, Berlin,Heidelberg,New York 1972.

[40] Billigmann, J.; Feldmann, H. D.: Stauchen und Pressen. Handbuch für das Kalt- und Warm-Massivumformen von Stählen und Nichteisenmetallen. Hanser Verlag, München 1973.

[41] Schaub, W.: Fließpressen von Sintermetallen im Temperaturbereich zwischen 873 K (600°C) und 1173 K (900°C), Berichte aus dem Institut für Umformtechnik, Nr. 63, Springer Verlag, Berlin,Heidelberg,New York 1982.

[42] Becker, G.; Kowollik, C.; Schroer, H.: Automatenstähle für die Serienfertigung, Thyssen Techn. Berichte, Heft 2 (1977) S. 59-66.

[43] Dannenmann, E.; Blaich, M.: Verfahren zur Prüfung der Kaltstauchbarkeit. Draht 29 (1978) S. 703-706.

[44] Diether, U.: Warmfließkurven von Stählen und ihre Ermittlung im Stauchversuch. Draht 30 (1979) S.615-619.

[45] Kast, D.: Untersuchungen über den Kraft- und Arbeitsbedarf sowie den Umformwirkungsgrad beim Voll-Vorwärts-Fließpressen von Stahl. Berichte aus dem Institut für Umformtechnik, Nr. 3, Girardet, Essen 1965.

[46] Avitzur, B.: Metal Forming. Processes and Analysis, Mc Graw-Hill,New York 1968 .

[47] Prager, W.; Hodge, P. G.: Theorie idealplastischer Körper. Springer-Verlag, Wien 1954.

[48] Ismar, H.; Mahrenholtz, O.: Technische Plastomechanik, Vieweg Verlag, Braunschweig/Wiesbaden 1979 .

[49] Kienzle, O.; Mietzner, K.: Mikrogeometrische Veränderung der Oberfläche bei Kaltumformvorgängen. Forsch. Berichte des Landes N.Rhein-Westf. Nr.812, Westdt.Verlag,Köln/Opladen 1960.

[50] Dannenmann, E.: Die Veränderung der Oberflächenbeschaffenheit beim Voll-Vorwärts-Fließpressen von Stahl. C.I.R.P.-Annalen, Vol. XVII (1969) S.353-365.

[51] Eeghem, J.; Altmann, P.; de Sy, A.: Desoxidation, Ausbildung der Sulfideinschlüsse und Eigenschaften von Stahlguß. Giesserei 6 (1964) S. 344 f.

[52] Burgdorf, M.: Umformgerechtes Gestalten der Werkstücke. VDI-Berichte Nr. 266 (1976) S. 67-72.

[53] Thomsen, E. G.: What stress-strain curve shall I use? NAMRC XI, Madison, Wisconsin, USA 1983.

[54] Rieger, M.: Spanbarkeit - Grundlagen und Begriffe. Sie und Wir - Krupp Stahl AG Information 12, Zerspanung (1982) S. 4-11.

[55] Stahl-Eisen-Prüfblätter des VDEh, Blatt 1161-1169, 2. Ausgabe, Düsseldorf 1962.

[56] Schlayer, H.: Zerspanungslehre - Vorlesungsmanuskript- Institut für Werkzeugmaschinen, Universität Stuttgart, 2. Auflage, Stuttgart 1978.

[57] Geiger, R.: Untersuchung von Schmierstoffen zum Warmumformen von Stahl. Ind.-Anz. 92 (1970) S.623-629.

[58] Geiger, R.: Einfluß der Temperatur auf die Größe des Reibwertes verschiedener Schmierstoffe beim Umformen von Stahl. Ind.-Anz. 92 (1970) S. 1553-1554.

[59] Binder, H.: Untersuchungen über das Verjüngen von zylindrischen Vollkörpern. Universität Stuttgart, Dr.-Ing.-Diss. 1980.

Berichte aus dem Institut für Umformtechnik der Universität Stuttgart

Herausgeber Professor Dr.-Ing. Kurt Lange

1 **Untersuchung über den Einfluß der Belastungszeit auf die Streuung der Rückfederung von Biegeteilen**
Von Dipl.-Ing. Klaus Tafel. 70 Seiten Text u. 64 Seiten mit 49 Bildern u. 15 Tafeln. Vergriffen

2/3 **Untersuchungen über das freie Napfen**
Von Dipl.-Ing. Gerhard Schmitt und Dipl.-Ing. Dieter Schmoeckel.
Untersuchungen über den Kraft- und Arbeitsbedarf sowie den Umformwirkungsgrad beim Vorwärts-Vollfließpressen von Stahl
Von Dipl.-Ing. Dieter Kast. 40 Seiten Text u. 43 Seiten mit 47 Bildern u. 5 Tafeln. 28,— DM

4 **Untersuchungen über die Werkzeuggestaltung beim Vorwärts-Hohlfließpressen von Stahl und Nichteisenmetallen**
Von Dipl.-Ing. Dieter Schmoeckel. 72 Seiten Text u. 117 Seiten mit 179 Bildern. 39,— DM

5 **Untersuchungen über das Stauchen und Zapfenpressen**
Von Dipl.-Ing. Märten Burgdorf. 126 Seiten Text u. 58 Seiten mit 138 Bildern u. 4 Tafeln. 55,— DM

6 **Untersuchungen über die Streuung der Kräfte und Arbeiten beim Fließpressen in der laufenden Fertigung und den Einfluß der Phosphatschichtdicke und des Schmiermittels**
Von Dipl.-Ing. Hans-Dietrich Witte. 38 Seiten Text u. 48 Seiten mit 49 Bildern. 30,— DM

7 **Untersuchungen über das Rückwärts-Napffließpressen von Stahl bei Raumtemperatur**
Von Dipl.-Ing. Gerhard Schmitt. 132 Seiten Text u. 93 Seiten mit 130 Bildern u. 5 Tafeln. 34,— DM

8 **Die Abbildegenauigkeit beim Biegen im 90°-V-Gesenk und ihre Beeinflussung durch Nachdrücken im Gesenk durch Nachdrücken im Gesenk**
Von Dipl.-Ing. Eckart Dannenmann. 50 Seiten Text u. 31 Seiten mit 28 Bildern u. 1 Tafel. Vergriffen

9 **Untersuchungen über den Zusammenhang zwischen Vickershärte und Vergleichsformänderung bei Kaltumformvorgängen**
Von Dipl.-Ing. Hans Wilhelm. 50 Seiten Text u. 35 Seiten mit 37 Bildern u. 2 Tafeln. Vergriffen

10 **Untersuchungen über das Abstreckziehen von zylindrischen Hohlkörpern bei Raumtemperatur**
Von Dipl.-Ing. Rolf K. Busch. 86 Seiten Text u. 92 Seiten mit 97 Bildern. Vergriffen

11 **Vorgänge beim elektromagnetischen und elektrohydraulischen Umformen von metallischen Werkstücken**
Von Dipl.-Ing. Herbert Müller. 90 Seiten Text u. 110 Seiten mit 93 Bildern u. 10 Tafeln. 22,— DM

12 **Ein Verfahren zur näherungsweisen Berechnung des Spannungs- und Formänderungszustandes beim Fließen starrplastischer Werkstoffe**
Von Dipl.-Ing. Gerhard Adler. 124 Seiten Text u. 76 Seiten mit 72 Bildern. Vergriffen

13 **Modellgesetzmäßigkeiten beim Rückwärtsfließpressen geometrisch ähnlicher Näpfe**
Von Dipl.-Ing. Dieter Kast. 101 Seiten Text u. 73 Seiten mit 60 Bildern u. 6 Tafeln. Vergriffen

14 **Untersuchungen über das Genauschneiden von Stahl und Nichteisenmetallen**
Von Dipl.-Ing. Wilfried Krämer. 96 Seiten Text u. 132 Seiten mit 128 Bildern u. 10 Tafeln. Vergriffen

15 **Entwicklung und Erprobung eines Simulators zur reproduzierbaren Nachahmung der Kraft-Weg-Verläufe von Umformvorgängen**
Von Dipl.-Ing. Kurt Schmid. 88 Seiten Text u. 38 Seiten mit 35 Bildern u. 2 Tafeln. 17,— DM

16 **Walzrichten von Metallbändern mit symmetrisch angestellter Fünf-Walzen-Richtmaschine**
Von Dipl.-Ing. Hans-Dietrich Witte. 108 Seiten Text u. 63 Seiten mit 60 Bildern u. 8 Tafeln. 22,— DM

17/18 **Erzeugung räumlicher Blechgebilde mittels Flächenbiegung**
Konstruktion, Abwicklung und Herstellung von Schraubtorsen aus Blech
Von Prof. Dr.-Ing. E. h. Dr. techn. h. c. Otto Kienzle.
120 Seiten Text u. 55 Seiten mit 86 Bildern u. 3 Tafeln. 22,— DM

19 **Einfluß der Alterung auf die mechanischen Eigenschaften von Stählen zum Kaltfließpressen**
Von Dipl.-Ing. Vladimir Hasek, CSc. 43 Seiten Text u. 54 Seiten mit 50 Bildern u. 3 Tafeln. 16,— DM

20 **Beitrag zur Frage der Spannungen, Formänderungen und Temperaturen beim axialsymmetrischen Strangpressen**
Von Dipl.-Ing. Rolf Dalheimer. 118 Seiten Text u. 76 Seiten mit 79 Bildern u. 3 Tafeln. Vergriffen

21 **Über den Einfluß der Werkzeuggeschwindigkeit auf den Stauchvorgang**
Von Dipl.-Ing. H.-J. Metzler. 127 Seiten Text u. 100 Seiten mit 94 Bildern u. 6 Tafeln. 25,— DM

22 **Numerische Behandlung von Verfahren der Umformtechnik**
Von Dr.-Ing. Elmar Steck. 67 Seiten Text u. 22 Seiten mit 43 Bildern. 16,— DM

23 **Ein Verfahren zur näherungsweisen Berechnung der Wärmeentwicklung und der Temperaturverteilung beim Kaltstauchen von Metallen**
Von Dipl.-Ing. Walther Pohl. 78 Seiten Text u. 51 Seiten mit 61 Bildern u. 4 Tafeln. 21,— DM

24 **Untersuchungen über das Drückwalzen zylindrischer Hohlkörper und Beitrag zur Berechnung der gedrückten Fläche und der Kräfte**
Von Dipl.-Ing. Hans-Jürgen Dreikandt. 161 Seiten Text u. 79 Seiten mit 73 Bildern u. 6 Tafeln. Vergriffen

25 **Über den Formänderungs- und Spannungszustand beim Ziehen von großen unregelmäßigen Blechteilen**
Von Dipl.-Ing. Vladimir Hasek, CSc. 129 Seiten Text u. 106 Seiten mit 109 Bildern u. 9 Tafeln. 35,— DM

26 **Über die Anisotropie des plastischen Verhaltens stranggepreßter Stäbe aus hexagonalen Metallen**
Von Dipl.-Ing. Günther Schröder. 129 Seiten Text u. 75 Seiten mit 97 Bildern u. 2 Tafeln. Vergriffen

27 **Die Messung der mechanischen Kontaktspannung in der Wirkfuge Werkzeug — Werkstück bei Umformverfahren**
Von Dipl.-Ing. Fritz Dohmann. 99 Seiten Text u. 82 Seiten mit 93 Bildern u. 4 Tafeln. Vergriffen

28 **Beitrag zur rechnerunterstützten Auslegung von Pressengestellen**
Von Dipl.-Ing. Manfred Geiger. 94 Seiten u. 56 Seiten mit 63 Bildern. Vergriffen

29 **Untersuchungen über das Aufweittiefziehen**
Von P. S. Raghupathi, M. E. ISBN 3-7736-0780-6.
80 Seiten Text u. 54 Seiten mit 73 Bildern u. 2 Tafeln. 32.– DM

30 **Faltenbildung als Verfahrensgrenze beim Stauchen von Hohlkörpern**
Von Dipl.-Ing. Klaus Dieterle. ISBN 3-7736-0781-4.
55 Seiten Text u. 35 Seiten mit 43 Bildern u. 3 Tafeln. 28.– DM

31 **Beitrag zur Ermittlung von Fließkurven im kontinuierlichen hydraulischen Tiefungsversuch**
Von Dipl.-Ing. Franc Gologranc. ISBN 3-7736-0785-7.
125 Seiten Text u. 58 Seiten mit 95 Bildern u. 6 Tafeln. Vergriffen

32 **Untersuchungen an Strangpreßmatrizen**
Von Dipl.-Ing. Klaus Gieselberg. ISBN 3-7736-0786-5.
101 Seiten Text u. 56 Seiten mit 69 Bildern. 45.– DM

33 **Beitrag zur Messung der Strangoberflächentemperatur beim Strangpressen**
Von Dipl.-Ing. Karl-Heinz Friedrich. ISBN 3-7736-0787-3.
83 Seiten Text u. 90 Seiten mit 84 Bildern u. 3 Tafeln. 48.– DM

34 **Über das Umformverhalten von Blechen aus Titan und Titanlegierungen**
Von Dipl.-Ing. Hans Wilhelm. ISBN 3-7736-0788-1.
107 Seiten Text u. 69 Seiten mit 76 Bildern u. 13 Tafeln. 48.– DM

35 **Untersuchung der magnetischen Induktion, Stromdichte und Kraftwirkung bei der Magnetumformung**
Von Dipl.-Ing. Volker Schmidt. ISBN 3-7736-0789-X.
60 Seiten Text u. 53 Seiten mit 84 Bildern. 21.– DM

36 **Der Stofffluß beim kombinierten Napffließpressen**
Von Dipl.-Ing. Rolf Geiger. ISBN 3-7736-0790-3.
111 Seiten Text u. 74 Seiten mit 80 Bildern u. 6 Tafeln. Vergriffen

37 **Beitrag zum Verhalten superplastischer Werkstoffe beim Massivumformen**
Von Dipl.-Ing. Hans Schelosky. ISBN 3-7736-0791-1.
123 Seiten Text u. 61 Seiten mit 60 Bildern u. 4 Tafeln 48.– DM

38 **Energieumsatz beim elektrohydraulischen Umformen**
Von Dipl.-Ing. Hans-Joachim Weckerle. ISBN 3-7736-0792-X.
103 Seiten Text u. 46 Seiten mit 56 Bildern. 45.– DM

39 **Elastische Wechselwirkungen an Gestell und Hauptgetriebe weggebundener Pressen**
Von Dipl.-Ing. Lutz Schemperg. ISBN 3-7736-0793-8.
91 Seiten Text u. 58 Seiten mit 65 Bildern u. 3 Tafeln. 45.– DM

40 **Über das plastische Verhalten von Sintermetallen bei Raumtemperatur**
Von Dipl.-Ing. Hartmut Höneß. ISBN 3-7736-0794-6.
84 Seiten Text u. 54 Seiten mit 67 Bildern u. 2 Tafeln. 45.– DM

41 **Untersuchungen zum Halbwarmfließpressen von Stahl**
Von Dr.-Ing. Rolf Geiger, Dipl.-Ing. Eckart Dannenmann und Dipl.-Ing. Jean Stefanakis.
ISBN 37736-0795-4. 50 Seiten Text u. 33 Seiten mit 34 Bildern u. 2 Tafeln. Vergriffen

42 **Änderung der Werkstoffeigenschaften beim Ziehen von zylindrischen Hohlkörpern aus austenitischen und ferritischen nichtrostenden Stählen**
Von Dipl.-Ing. Rolf Zeller. ISBN 3-7736-0796-2.
80 Seiten Text u. 52 Seiten mit 34 Bildern u. 2 Tafeln. 38.– DM

43 **Untersuchungen über das Fließpressen superplastischer Werkstoffe**
Von Dr.-Ing. Hans Schelosky. ISBN 3-7736-0797-0.
36 Seiten Text u. 24 Seiten mit 26 Bildern u. 1 Tafel. 30.– DM

44 **Umformende Bearbeitung in flexiblen Fertigungssystemen**
Von Dipl.-Ing. Hartmut Kaiser. ISBN 3-7736-0798-9.
87 Seiten Text u. 24 Seiten mit 47 Bildern. 36.– DM

45 **Geometrische Eigenschaften tiefgezogener kreiszylindrischer Näpfe**
Von Dipl.-Ing. Dieter Schlosser. ISBN 3-7736-0799-7.
107 Seiten Text u. 64 Seiten mit 60 Bildern u. 9 Tafeln. 48.– DM

46 **Die Eigenschaften einer AlZnMgCu-Legierung nach ausgewählten Kombinationen von Wärmebehandlung und Kaltumformung**
Von Dipl.-Ing. Karl Hankele. ISBN 3-7736-0880-2.
86 Seiten Text u. 51 Seiten mit 52 Bildern u. 4 Tafeln. 45.– DM

47 **Kaltmassivumformen von Sintermetall**
Von Dipl.-Ing. Hans Dieter Schacher. ISBN 3-7736-0881-0.
84 Seiten Text u. 44 Seiten mit 47 Bildern u. 5 Tafeln. 42.– DM

48 **Rechnerunterstützte Arbeitsplanerstellung und Kostenrechnung beim Kaltmassivumformen von Stahl**
Von Dipl.-Ing. Peter Noack. ISBN 3-7736-0882-9.
216 Seiten Text u. 116 Seiten mit 134 Bildern u. 23 Tafeln. 65.– DM

49 **Beitrag zur beanspruchungsgerechten Auslegung von rotationssymmetrischen Fließpreßmatrizen**
Von Dipl.-Ing. Gunther Kramer. ISBN 3-7736-0883-7.
94 Seiten Text u. 53 Seiten mit 56 Bildern. 48.– DM

50 **Erzeugung gratfreier Schnittflächen durch Aufteilen des Schneidvorgangs (Konterschneiden)**
Von Dipl.-Ing. Heinz Liebing. ISBN 3-7736-0884-5.
87 Seiten Text u. 51 Seiten mit 55 Bildern u. 4 Tafeln. 46.– DM

Die Berichte 1 bis 50 sind zu beziehen durch das Institut fur Umformtechnik, Holzgartenstr. 17, 7000 Stuttgart 1

51 **Berechnung der elastischen Eigenschaften von Baugruppen im Pressenbau**
Von Dipl.-Ing. Herbert Blum ISBN 3-540-09804-6.
151 Seiten mit 55 Abbildungen. 48,– DM

52 **Untersuchung der Verfahrensgrenzen beim 180°-Biegen von Fein- und Mittelblechen**
Von Dipl.-Phys. Wolfgang Schaub. ISBN 3-540-09881-X.
65 Seiten mit 24 Abbildungen. 38,– DM

53 **Abstreckgleitziehen von nichtrostenden austenitischen Stählen**
Von Dipl.-Ing. Jobst-H. Kerspe. ISBN 3-540-09882-8.
109 Seiten mit 36 Abbildungen. 43,– DM

54 **Fließpressen von Stahl im Temperaturbereich 773 K (500°C) bis 1073 K (800°C)**
Von Dipl.-Ing. Ulrich Diether. ISBN 3-540-09959-X.
165 Seiten mit 80 Abbildungen. 48,– DM

55 **Die numerisch gesteuerte Radial-Umformmaschine und ihr Einsatz im Rahmen einer flexiblen Fertigung**
Von Dipl.-Ing. Peter Metzger. ISBN 3-540-10073-3.
158 Seiten mit 65 Abbildungen. 43,– DM

56 **Möglichkeiten zur Steuerung des Stoffflusses beim Ziehen großer unregelmäßiger Blechteile**
Von Dr.-Ing. Vladimir V. Hasek. ISBN 3-540-10074-1.
193 Seiten mit 96 Abbildungen. 48,– DM

57 **Beitrag zur Arbeitsgenauigkeit des Kaltmassivumformens**
Von Dipl.-Ing. Herbert Leykamm. ISBN 3-540-10363-5.
165 Seiten mit 84 Abbildungen und 5 Tabellen.. 48,– DM

58 **Untersuchungen über das Verjüngen von zylindrischen Vollkörpern**
Von Dipl.-Ing. Helmut Binder. ISBN 3-540-10466-6.
146 Seiten mit 50 Abbildungen und 3 Tabellen. 43,– DM

59 **Umformverhalten legierter Sintereisen**
Von Dipl.-Ing. Manfred Stilz. ISBN 3-540-11051-8.
170 Seiten mit 75 Abbildungen und 5 Tabellen. 48,– DM

60 **Interaktives Programmsystem zur Erstellung von Fertigungsunterlagen für die Kaltmassivumformung**
Von Dipl.-Ing. Michael Rebholz. ISBN 3-540-11052-6.
121 Seiten mit 46 Abbildungen. 43,– DM

61 **Beitrag zum Ziehen von Blechteilen aus Aluminiumlegierungen**
Von Dipl.-Ing. Michael Blaich. ISBN 3-540-11067-4.
141 Seiten mit 64 Abbildungen und 5 Tabellen. 43,– DM

62 **Auslegung von rotationssymmetrischen Fließpreßwerkzeugen im Bereich elastisch-plastischen Werkstoffverhaltens**
Von Dipl.-Ing. Thomas Neitzert. ISBN 3-540-11623-0.
159 Seiten mit 51 Abbildungen. 53,– DM

63 **Fließpressen von Sintermetall im Temperaturbereich zwischen 873 K (600°C) und 1173 K (900°C)**
Von Dipl.-Ing. Wolfgang Schaub. ISBN 3-540-11678-8.
160 Seiten mit 85 Abbildungen und 9 Tabellen. 53,– DM

64 **Rechnerunterstützte Konstruktion von Umformwerkzeugen und die Fertigungsplanung von Werkzeugelementen**
Von Dipl.-Ing. Dieter Steuss. ISBN 3-540-11856-X.
178 Seiten mit 87 Abbildungen und 6 Tabellen. 53,– DM

65 **Möglichkeiten und Grenzen des Kaltgesenkschmiedens als eine fertigungstechnische Alternative für kleine, genaue Formteile**
Von Dipl.-Ing. Khang Hoang-Vu. ISBN 3-540-11876-4.
156 Seiten mit 62 Abbildungen und 5 Tabellen. 53,– DM

66 **Einsatz numerischer Näherungsverfahren bei der Berechnung von Verfahren der Kaltmassivumformung.**
Von Dipl.-Ing. Karl Roll. ISBN 3-540-11910-8.
166 Seiten mit 49 Abbildungen und 2 Tabellen. 53,– DM

67 **Untersuchung über das Verjüngen von dickwandigen, zylindrischen Hohlkörpern**
Von Dipl.-Ing. Knut Haarscheidt. ISBN 3-540-12229-X.
124 Seiten mit 58 Abbildungen und 6 Tabellen. 58,– DM

68 **Rechnerunterstützte Optimierung des Tiefziehens unregelmäßiger Blechteile**
Von Dipl.-Ing. Hans Glöckl. ISBN 3-540-12522-1.
143 Seiten mit 60 Abbildungen. 58,– DM

69 **Hydrostatisches Fließpressen: Verfahrensparameter und Werkstückeigenschaften**
Von Dipl.-Ing. Jobst H. Kerspe. ISBN 3-540-12537-X.
123 Seiten mit 69 Abbildungen und 5 Tabellen. 58,– DM

70 **Untersuchungen zum Halbwarmfließpressen von Automatenstählen**
Von Eberhard Nehl. ISBN 3-540-12568-X.
145 Seiten mit 104 Abbildungen und 2 Tabellen. 58,– DM

Die Berichte 51 und folgende sind zu beziehen durch den Springer-Verlag, Berlin Heidelberg New York Tokyo

GPSR Compliance

The European Union's (EU) General Product Safety Regulation (GPSR) is a set of rules that requires consumer products to be safe and our obligations to ensure this.

If you have any concerns about our products, you can contact us on ProductSafety@springernature.com

In case Publisher is established outside the EU, the EU authorized representative is:

Springer Nature Customer Service Center GmbH
Europaplatz 3
69115 Heidelberg, Germany

Batch number: 10682421

Printed by Printforce, the Netherlands